Fouad Soliman
Karima Mahmoud
Islam Al-hindawy

Tudo sobre sistemas de estações solares terrestres, de telhado, flutuantes e espaciais

Fouad Soliman
Karima Mahmoud
Islam Al-hindawy

Tudo sobre sistemas de estações solares terrestres, de telhado, flutuantes e espaciais

ScienciaScripts

Imprint
Any brand names and product names mentioned in this book are subject to trademark, brand or patent protection and are trademarks or registered trademarks of their respective holders. The use of brand names, product names, common names, trade names, product descriptions etc. even without a particular marking in this work is in no way to be construed to mean that such names may be regarded as unrestricted in respect of trademark and brand protection legislation and could thus be used by anyone.

Cover image: www.ingimage.com

This book is a translation from the original published under ISBN 978-620-4-98142-0.

Publisher:
Sciencia Scripts
is a trademark of
Dodo Books Indian Ocean Ltd. and OmniScriptum S.R.L publishing group

120 High Road, East Finchley, London, N2 9ED, United Kingdom
Str. Armeneasca 28/1, office 1, Chisinau MD-2012, Republic of Moldova, Europe
Managing Directors: Ieva Konstantinova, Victoria Ursu
info@omniscriptum.com

Printed at: see last page
ISBN: 978-620-8-62815-4

Tudo sobre sistemas de estações solares terrestres, de telhado, flutuantes e espaciais

Por

Fouad A. S. Soliman — **Eletrónica e informática**
Karima A. Mahmoud — **Física**
Islam G. Al-hindawy — **Química dos materiais**

dezembro de 2024

Sobre os autores

Dr. Eng. Fouad A. S. Soliman

Prof. de Engenharia Eletrónica e de Computadores,
Nuclear Materials Authority, Cairo, Egito.

Membro do Conselho Editorial de:

- **Progress in Photovoltaic, "Research and Applications", John Wiley and Sons, Reino Unido, desde 1993,**
- **Periódicos da Associação para o Avanço das Técnicas de Modelação e Simulação, AMSE, Lune, França,**
- **Revista Internacional de Ciência da Computação e Aplicações de Engenharia (IJCSEA).**

Membro de:

- **gAssociação Americana para o Avanço das Ciências, N.Y., U.S.A,**
- **Academia de Ciências de Nova Iorque, Nova Iorque, E.U.A.**

Escolhido para:

- **Who's Who in the World, A.N. Marquis, N.J., U. S. A.**
- **Outstanding People of the 20th Century, International Biographical Center of Cambridge, Inglaterra.**

Ensino nas universidades

- **Ensino dos estudantes de pós-graduação nas universidades egípcias.**

Publicações e supervisão de M.Sc. e Ph.D.
Artigos e teses supervisionadas
- **Cerca de 200**

Livros:

[1]. Fouad A. S. Soliman, **"A Novel Look on the world of Nanotechnology for Today and Future",** Livro publicado, Lambert Academic Publishing, Omni- Scriptum GmbH e Co. KG, fevereiro de 2016, ISBN: 978-3-659-83496-7.

[2]. F. A. S. Soliman, **"Energy and the Future of Civilizations",** publicado em

Livro, Lambert Academic Publishing, Omni-Scriptum GmbH and Co.
KG, abril de 2016.
ISBN: 978-3-659-88129-9.

[3]. F. A. S. Soliman, **"Characterization, Simulation, Applications, Deployment and Economics of Solar Energy"**, Lambert Academic Publishing, LAP, Saarbrücken, Alemanha, maio de 2016.
ISBN: 978-3-659-89387-2.

[4]. Fouad A. S. Soliman **e Hoda A. Ashry, "Role of the Nuclear Technologia na vida quotidiana humana"**, Livro publicado, Lambert Academic Publishing, Omni-Scriptum, GmbH e Co. KG, maio de 2016.
ISBN: 978-3-659-90461-5.

[5]. Fouad A. S. Soliman**, Safaa M. R. El-ghanam e Ashraf M. Abdel-Maksoud, "Impacto do ambiente do espaço exterior nos dispositivos electrónicos and Systems"**, Livro Publicado, Lambert Academic Publishing, Omni-Scriptum GmbH and Co. KG, julho de 2016.
ISBN: 978-3-659-93044-7

[6]. **H. A. Ashry,** Fouad A. S. Soliman **e S. A. Kamh, "Nuclear Technologia: Future Generation, Protection and Monitoring", publicado em Livro, Lambert Academic Publishing, Omni-Scriptum GmbH e Co. KG, agosto de 2016.**
ISBN: 978-3-659-93921-1

[7]. Fouad. A.S. Soliman**, "Agriculture in Remote Areas Based on Solar Energia", Livro Publicado,** Lambert Academic Publishing, Omni-Scriptum GmbH & Co. KG, setembro de 2016.
ISBN: 978-3-659-95267-8

[8]. Fouad A. S. Soliman**, "Solar-Wind Hybrid Renewable Energy for Agricultura Sustentável"**, Livro Publicado, Lambert Academic Publishing, Omni- Scriptum GmbH and Co. KG, outubro, 2016, Número: 145917

ISBN: 978-3-659-96384-1

[9]. Fouad A. S. Soliman, **"High Voltage Transmission Lines: Importance, Maintenance and Risks"**, Livro Publicado, Lambert Academic Publishing, Omni- Scriptum GmbH e Co. KG, novembro de 2016, Número:147937, **ISBN: 978-3-330-00309-5.**

[10]. **Hoda A. Ashry** e Fouad A. S. Soliman, **Nuclear Analytical Techniques e Ciências Modernas,** Livro Publicado, Lambert Academic Publishing, Omni- Scriptum, GmbH and Co. KG, dezembro, 2016, No: 149558, **ISBN: 978-3-330-01772-6.**

[11]. Fouad A. S. Soliman, **Energia: História, Definições, Formas, Transformações. formação e aplicações,** Livro publicado, Lambert Academic Publishing, Omni- Scriptum, GmbH and Co. KG, janeiro de 2017. **ISBN: 978-3-330-02939-2.**

[12]. Fouad A. S. Soliman, **All About Nuclear Materials, Livro Publicado,** Lambert Academic Publishing, Omni- Scriptum GmbH and Co. KG, 2017. ID do projeto (150859) **ISBN:978-3-330-03643-7.**

[13]. Fouad A. S. Soliman **e Hoda A. Ashry, Focus on the Treasures of A Terra,** Livro Publicado, Lambert Academic Publishing, Omni- Scriptum GmbH and Co. KG, fevereiro de 2017. **ISBN: 978-3-659-85407-1.**

[14]. Fouad A. S. Soliman, **Geothermal Energy Technology,** publicado Livro, Lambert Academic Publishing, Omni-Scriptum GmbH and Co., KG., maio de 2017. **ISBN: 978-3-330-31808-3.**

[15]. Fouad A. S. Soliman, **Marine Power Technology and Future of Energia,** Livro publicado, Lambert Academic Publishing, Omni- Scriptum GmbH and Co. KG, junho de 2017. **ISBN: 978-3-330-32467-1.**

[16]. Fouad A. S. Soliman e **Hoda A. Ashry, Atomic Batteries: the Easy**
Energia para o futuro", Livro publicado, Lambert Academic Publishing, Omni-Scriptum. GmbH and Co. KG, julho de 2017. **ISBN:978-3-330-35308-4.**

[17]. Fouad A. S. Soliman e **Hoda A. Ashry, Evolution of Synchrotron**
A radiação e a sua importância", Livro publicado, Lambert Academic
Publishing, Omni-Scriptum GmbH and Co. KG, agosto de 2017. **ISBN: 978-620-2-01385-7**

[18]. Fouad A. S. Soliman, **"Mechatronics: Multidisciplinary**
Engenharia", Livro Publicado, Lambert Academic Publishing, Omni-
Scriptum, GmbH e Co. KG, agosto de 2017. **ISBN: 978-620-0-43740-2.**

[19]. Fouad A. S. Solimna e **Hoda A. Ashry, "Gold and Silver Recovery**
from Electronic Waste", Recuperação de ouro e prata de resíduos electrónicos
Resíduos", Livro publicado Lambert Academic Publishing, Omni-Scriptum
GmbH and Co. KG, Set. 2017. **ISBN: 978-620-2-04988-7.**

[20]. Fouad A. S. Soliman, **Amira A El-laboudi, e Manal Mahdi,**
"Colheita de energia e necessidades humanas futuras", Livro publicado,
Lambert Academic Publishing, Omni-Scriptum GmbH e Co. KG, novembro de 2017. **ISBN: 978-620-2-07981-5.**

[21]. **Hoda A. Ashry e** Fouad A. S. Soliman, **"World of Neurons",**
Livro publicado, Lambert Academic Publishing, Omni- Scriptum GmbH
and Co. KG, janeiro de 2018. **ISBN: 978-613-4-97714-2.**

[22]. Fouad A. S. Soliman, **"Role of Engineering in Therapy",** publicado em
Livro Lambert Academic Publishing, Omni- Scriptum GmbH and Co.
KG, abril de 2018. **ISBN: 978-613-9-58735-3.**

[23]. Fouad A. S. Soliman, **"New Trends in Exploring Earth Treasures**

Livro publicado, Lambert Academic Publishing, Omni- Scriptum GmbH
Co. KG, Nov. 2019.
ISBN: 978-620-0-46469-9.

[24]. **Fouad A. S. Soliman, "Energy: Resources, Derivative, Sustainability and Development"**, Livro publicado Lambert Academic Publishing, Omni-Scriptum GmbH e Co. KG, dezembro de 2019.

[25]. **Fouad A. S. Soliman e Hamed I. E. Mira, "Nuclear Power: História, materiais, economia e futuro"**, Livro publicado Lambert Publicação académica, Omni-Scriptum GmbH & Co. KG, janeiro de 2020.
ISBN: 978-620-0-46407-1.

[26]. **Fouad A. S. Soliman, "Renewable Energy and the Future of Human Vida"**, Livro publicado. Lambert Academic Publishing. Omni-Scriptum GmbH e Co.KG, fevereiro de 2020.
ISBN: 978-620-0-53632-7.

[27]. **Fouad A. S. Soliman, Safaa M. R. El-ghanam, e Ashraf M. Abdel-maksoud, "Environmental Impact of the Energy Industry**
Livro publicado Lambert Academic Publishing, Omni-Scriptum GmbH and Co. KG, fevereiro de 2020.
ISBN: 978-620-0-57165-6.

[28]. **Fouad A. S. Soliman e Amira Abdel-Magid, "Projections, Develo-pamentos e explorações de recursos energéticos renováveis"**
Livro publicado, Lambert Academic Publishing, Omni-Scriptum GmbH and Co. KG, março de 2020.
ISBN: 978-620-065158-7.

[29]. **Fouad A. A. Soliman, e Wafaa Abd El-Basit, "Smart Photovoltaic As tecnologias e o futuro da energia"**, livro publicado, Lambert Publicação académica, **Omni-Scriptum** GmbH e Co. KG, março de 2020.
ISBN: 978-620-251267-1.

[30]. **Fouad A. S. Soliman, e Sanaa A. Kamh", Open Source Hardware**

Tecnologia, Livro Publicado, Lambert Academic Publishing, Omni-
Scriptum GmbH and Co. KG, abril de 2020.
ISBN: 978-620-2-51639-6.

[31]. Fouad A. S. Soliman, **"Renewable Energy Technologies for Salt Water Dessalinização",** Livro Publicado, Lambert Academic Publishing, Omni-
Scriptum GmbH and Co. KG, maio de 2020.
ISBN: 978-620-2-52159-8.

[32]. Fouad A. S. Soliman, **"New Trends in Renewable Energy for Humanity Benefits",** Livro publicado, Lambert Academic Publishing,
Omni-Scriptum GmbH e Co. KG, maio de 2020.
ISBN: 978-620-2-51887-1.

[33]. Fouad A. S. Soliman, e **Ashraf M. Abdel-maksoud, "Energy Armazenamento, Transmissão e Monitorização",** Livro Publicado, Lambert
Publicação académica, Omni-Scriptum GmbH e Co. KG, maio de 2020.
ISBN: 978-6213-94971-2

[34]. Fouad S. S. Soliman, **"Climate Effects on PV-Systems and their Manutenção e Reciclagem",** Livro Publicado, Lambert Academic Publicação, Omni-Scriptum GmbH e Co. KG, junho de 2020.
ISBN: 978-620-2-56451-9.

[35]. Fouad A. S. Soliman e **Hamed I. E. Mira, "Drones: The Future of Veículos Aéreos Não Tripulados",** Livro publicado Lambert Academic Publishing, Omni-Scriptum GmbH e Co. KG, junho de 2020.
ISBN: 978-620-2-66811-8.

[36]. Fouad A. S. Soliman, **"Airborne Geophysical & Remote Sensing Based on Drone Aircrafts",** Livro publicado, Lambert Academic Publicação, Omni-Scriptum GmbH e Co. KG, julho de 2020.
ISBN: 978-620-2-67331-0.

[37]. Fouad A. S. Soliman e **Hamed I. E. Mira, "UXO Environmental Impacto, deteção e desminagem",** Livro publicado Lambert Academic
Publicação, Omni-Scriptum GmbH e Co. KG, julho de 2020.
ISBN: 978-620-2-67862-9.

[38]. Fouad A. S. Soliman, e **Safaa M. El-ghanam "The World of**

Tecnologias de energias renováveis", Livro publicado, Lambert Academic Publicação, Omni-Scriptum GmbH e Co. KG, agosto de 2020.
ISBN: 978-620-2-68432-3.

[39]. **Fouad A. S. Soliman, and Ashraf M. Abedel-maksoud", Technologies of Stand-Alone and Distributed Energy Systems"**, Livro Publicado, Lambert Academic Publishing, Omni-Scriptum GmbH and Co. KG, setembro de 2020.
ISBN: 978-620-0-50455-6.

[40]. **Fouad A. S. Soliman, "A Novel and Efficient Aerial Techniques for Deteção de UXO"**, Livro publicado, Lambert Academic Publishing, Omni-Scriptum GmbH and Co. KG, setembro de 2020.
ISBN: 978-620-2-79934-8

[41]. **Fouad A. S. Soliman, e Ashraf M. Abedel-maksoud, "Tecnologia and Future of Nano-fluids"**, Livro publicado, Lambert Academic Publicação, Omni-Scriptum GmbH e Co. KG, setembro de 2020.
ISBN: 978-620-2-80132-4.

[42]. **Fouad A. S. Soliman, e Safaa M. El-ghanam,** "New Trends in the Produção, conversão, transmissão e armazenamento de energia", Livro publicado, Lambert Academic Publishing, Omni-Scriptum GmbH e Co. KG, outubro de 2020.
ISBN: 978-620-2-80878-1.

[43]. **Fouad A. S. Soliman, "Remote Monitoring, Net Metering, Fault Deteção e Manutenção Preditiva de Sistemas Eléctricos de Potência.** Livro publicado, Lambert Academic Publishing, Omni-Scriptum GmbH and Co. KG, outubro de 2020.
ISBN: 978-3-330-06474-4.

[44]. **Fouad A. S. Soliman, A. A. Abu Talib e Doaa H. Hanafy, "PV Shockley-Queasier, Maximum Power, Green Houses e Rooftop Estações"**, Livro Publicado, Lambert Academic Publishing, Omni-Scriptum GmbH e Co. KG, outubro de 2020.
ISBN: 978-620-2.92085-8.

[45]. Fouad A. S. Soliman, **Wafaa A. Zekri, Soha Abel-Azim, Environ-**
Impacto mental da produção, transporte e distribuição de eletricidade
Indústria", Livro Publicado, Lambert Academic Publishing, Omni-
Scriptum GmbH e Co. KG, novembro de 2020.
ISBN: 978-620-3-02581-1.

[46]. Fouad A. S. Soliman, e **Safaa R. El-ghanam, "Future Energy**
DevelopMent", Livro Publicado, Lambert Academic Publishing, Omni-
Scriptum GmbH e Co. KG, novembro de 2020.
ISBN: 978-620-3-041132.

[47]. Fouad A. S. Soliman **e Hamed I. E. Mira, "For More Efficient**
Solar Energy Applications", Livro publicado Lambert Academic
Publicação, Omni-Scriptum GmbH e Co. KG, dezembro de 2020.
ISBN: 978-620-801002.

[48]. Fouad A. S. Soliman, e **Sanaa A. Kamh, "New Trends in Micro-and**
Hybrid-Energy Grids", Livro publicado, Lambert Academic **Publishing**,
Omni-Scriptum. GmbH and Co. KG, dezembro de 2020.
ISBN: 978-620-2-92022-3.

[49]. Fouad A. S. Soliman, **"Trends in Renewable Energy Resources Grid**
ding", Livro publicado Lambert Academic Publishing, Omni-Scriptum
GmbH e Co. KG, janeiro de 2021.
ISBN: 978-620-3-30339-1.

[50]. Fouad A. S. Soliman, e **Wafaa Abdel Basit Zekri, "Gridding of**
Sistemas Inteligentes de Energia Solar", Livro Publicado, Lambert Academic
Publishing, Omni-Scriptum, GmbH and Co., K.G. março de 2021.
ISBN: 978-620-3-46312-5.

[51]. Fouad A. S. Soliman e **Safaa R. El-ghanam, "New Trends in hoto-**
Voltaic System", Livro Publicado, Lambert Academic Publishing,
Omni-Scriptum GmbH and Co., K.G., dezembro de 2020.
ISBN: 978-620-3-47075-8.

[52]. Fouad A. S. Soliman, **"Automatic Monitoring of PV-Systems',**
Livro publicado Lambert Academic Publishing, Omni-Scriptum GmbH
e Co. KG, setembro de 2021.

ISBN: 978-620-3-58196-6.
[53]. Fouad A. S. Soliman, e **Ashraf M. Abedel-maksoud, "Marine Power: O Futuro das Energias Renováveis,** Livro Publicado, Lambert
Publicação académica, Omni-Scriptum GmbH and Co. KG, novembro,
2021.
ISBN: 978-620-4-71792-0163.
[54]. Fouad A. S. Soliman**, "Carbon Capture and Sequestration",** publicado em
Livro Lambert Academic Publishing, Omni-Scriptum GmbH e Co. KG,
novembro de 2021.
ISBN: 978-620-4-72561-1163.
[55]. Fouad A. S. Soliman**, e Hoda A. Ashry, "Role of Electronics and**
Informática em medicina energética", Livro publicado Lambert
Publicação académica, Omni-Scriptum GmbH and Co. KG, Nov. 2021.
ISBN: 978-620-4-727387.
[56]. Fouad A. S. Soliman**, e Nehal Abou-el fotoh Ali, "Future Challenges**
de Eletrónica Baseada em Piezoeléctricos". Livro publicado Lambert
Publicação académica Omni-Scriptum GmbH and Co. KG, dezembro de 2021.
ISBN: 978-620-4-70844.
[57]. Fouad A. S. Soliman**, Ayman H. Shanash e Nehal Abou-el fotoh Ali, "Sustainale Energy for Human Safety and Luxury",** publicado
Livro Lambert Academic Publishing, Omni-Scriptum GmbH and Co.
KG, janeiro de 2022.
ISBN: 978-620-4-73029-1163.
[58]. Fouad A. S. Soliman**, e Nehal Abou-el fotoh Ali, "World of Osmo-**
Tic Phenomenon", Livro publicado Lambert Academic Publishing,
Omni-Scriptum GmbH & Co. KG, janeiro de 2021.
ISBN: 978-620-4-73327-2164.
[59]. Fouad A. S. Soliman**, Ayman H. Shanash & Nehal Abou-el fotoh Ali,**

"Uma visão profunda do futuro da energia", livro publicado Lambert
Publicação académica, Omni-Scriptum GmbH and Co. KG, Jan. 2022.
ISBN: 978-620-4-73472-9164.

[60]. **Fouad A. S. Soliman, Ayman H. Shanash e Nehal Abou-el fotoh Ali,**
"Transição dos combustíveis fósseis para as energias renováveis", publicado
Livro Lambert Academic. Publishing, Omni-Scriptum GmbH and Co.
KG, fevereiro de 2022.
ISBN: 978-620-4-74114-7164.

[61]. **Fouad A. S. Soliman, Ayman H. Shanash e Nehal Abou-el fotoh Ali, "Ocean Thermal Energy Conversion"**, Livro publicado Lambert
Publicação académica, Omni-Scriptum GmbH and Co. KG, Fev. 2022.
ISBN: 978-620-4-74278-61.

[62]. **Fouad A. S. Soliman, Ayman H. Shanash e Nehal Abou-el fotoh All, "The Rapid Movement towards Clean Green World"**, publicado
Livro Lambert Academic. Publishing, Omni-Scriptum GmbH and Co.
KG, fevereiro de 2022.
ISBN: 9786-204-745 183.

[63]. **Fouad A. S. Soliman, Ayman H. Shanash e Nehal Abou-el fotoh Ali, "Engenharia de sistemas de energia renovável"**, Livro publicado
Lambert Academic Publishing, Omni-Scriptum GmbH e Co. KG, fevereiro de 2022.
ISBN: 978-620-4-74716-3.

[64]. **Fouad A. S. Soliman, Ayman H. Shanash e Nehal Abou-el fotoh Ali, "De A a Z sobre as energias renováveis"**, livro publicado
Lambert Academic Publishing, Omni-Scriptum GmbH e Co. KG, março de 2022.
ISBN: 9786-202-053099.

[65]. **Fouad A. S. Soliman,** Hamed I. E. Mira e Nehal Abou-el fotoh Ali,
"Passos no caminho do futuro e da conservação da energia", publicado
Livro Lambert Academic Publishing, Omni-Scriptum GmbH and Co.
KG, março de 2022.

ISBN: 9786-139-448388.
[66]. **Fouad A. S. Soliman,** Nehal Abou-el fotoh Ali & Karima A. Mahmoud,
"Engenharia e Vida Inteligente Confortável", Livro Publicado Lambert
Publicação académica, Omni-Scriptum GmbH and Co. KG, março de 2022.
ISBN: 978-620-0-24999-91.
[67]. **Fouad A. S. Soliman,** Hoda A. Ashry e Nehal Abou-el fotoh Ali,
"World of Fuel Cells", Livro publicado Lambert Academic Publishing,
Omni-Scriptum GmbH e Co. KG, abril de 2022.
ISBN: 978-620-4-74855-91.
[68]. **Fouad A. S. Soliman,** Nehal Abou-el fotoh Ali e Wafaa A. Zekri,
"Engenharia de Sistemas Fotovoltaicos", Livro publicado Lambert
Publicação académica, Omni-Scriptum GmbH and Co. KG, abril de 2022.
ISBN: 978-620-4-74893-11.
[69]. **Fouad A. S. Soliman,** Amira A. Abo-talib e Doaa H. Hanafy,
"**Papel da Engenharia Eletrónica nas Ciências Automóvel e Mecânica
ence",** Livro publicado Lambert Academic Publishing, Omni-Scriptum,
GmbH e Co. KG, maio de 2022.
ISBN: 978-620-4-75130-61.
[70]. **Fouad A. S. Soliman,** Nihal Abou-alfotoh Ali," **Nano-fiber: The Future
de Materiais".** Livro publicado Lambert Academic Publishing,
Omni-Scriptum, GmbH e Co. KG, maio de 2022.
ISBN: 978-620-4-95505-616.
[71]. **Fouad A. S. Soliman**, Sanaa A. Kamh e Doaa H. Hanafy"**, The Brilliant
O futuro do lítio no armazenamento de energia",** Livro publicado Lambert
Publicação académica, Omni-Scriptum, GmbH and Co. KG, maio de 2022.
ISBN: 978-620-4-98014-0165519.
[72]. **Fouad A. S. Soliman**, e Hamed I. E. Mira**, "Stereo Microscope: the
Nano-Imaging Tool of Future",** Livro publicado Lambert Academic
Publicação, Omni-Scriptum, GmbH e Co. KG, maio de 2022.

ISBN: 978-620-5489-406.

[73]. Fouad A. S. Soliman, Amira A. Abo-talib El-laboudi e Karima A. Mahmoud, **"Futuro das tecnologias híbridas de energia"**, Livro publicado
Lambert Academic Publishing, Omni-Scriptum, GmbH e Co. KG, maio de 2022.
ISBN: 978-620-5489-406.

[74]. **Fouad A. S. Soliman,** Wafaa Abdel-basit Zekri e Karima A. Mahmoud,
"O futuro brilhante da imagem digital", livro publicado Lambert
Publicação académica, Omni-Scriptum, GmbH and Co. KG, agosto de 2022.
ISBN: 978-6205-4956-12.

[75]. **Fouad A. S. Soliman, "Future of Interdisciplinary Sciences"**, publicado
Livro Lambert Academic Publishing, Omni-Scriptum, GmbH and Co. KG,
outubro de 2022.
ISBN: 978-620-5-50245-71.

[76]. **Fouad A. S. Soliman e Karima A. Mahmoud, "Fewer Losses on Geração de energia renovável e aplicações"**, Livro publicado Lambert Academic Publishing, Omni-Scriptum, GmbH e Co. KG, outubro de 2022.
ISBN: 978-620-4-980669.

[77]. **Fouad A. S. Soliman, Amira Abou-talib El-laboudi e Doaa H. Hassan, "Food Energy"**, Livro publicado, Lambert Academic Publicação, Omni-Scriptum, GmbH e Co. KG, outubro de 2022.
ISBN: 978-620-5-50995-116.

[78]. **Fouad A. S. Soliman, Wafaa Abdel-basit Zekri & Karima A. Mahmoud," O mundo brilhante do grafeno"**, livro publicado Lambert Academic Publishing, Omi-Scriptum, GmbH e Co. KG, outubro de 2022.
ISBN: 978-620-5-51599-016.

[79]. **Fouad A. S. Soliman, Amira A. Abo-talib & Doaa H. Hanafy," Wind as
a Mainstream Renewable Power",**, Livro publicado Lambert
Publicação académica, Omni-Scriptum, GmbH and Co. KG, outubro de 2022.
ISBN: 978-620-5-52588-316.4

[80]. **Fouad A. S. Soliman, e Karima A. Mahmoud,** "Unmanned Aerial
Aplicações e desenvolvimento de veículos para pesos de poucos gramas",

Livro publicado Lambert Academic Publishing, Omni-Scriptum, GmbH and Co. KG, outubro de 2022.
ISBN: 978-620-4-980669.

[81]. Fouad A. S. Soliman, e Karima A. Mahmoud, "The Benefits of O plástico e os seus perigos iminentes para a humanidade"**.** Livro publicado Lambert Academic Publishing, Omni-Scriptum, GmbH and Co. KG, Out. 2022.
ISBN: 978-620-5622472.

[82]. Fouad A. S. Soliman, e Karima A. Mahmoud, "Advanced Technologies for Gold Prospection and Mining", Livro publicado Lambert Publicação académica, Omni-Scriptum, GmbH e Co. KG, fevereiro de 2023.
ISBN: 978-620-6142263.

[83]. Fouad A. S. Soliman, e Karima A. Mahmoud, "Neuro-linguistic Programing", Livro publicado Lambert Academic Publishing, Omni-Scriptum, GmbH e Co. KG, março de 2023.
ISBN: 978-620-14432.

[84]. Fouad A. S. Soliman, e Karima A. Mahmoud, "Future Techniques In Mind Mapping", Livro publicado Lambert Academic Publishing, Omni-Scriptum, GmbH, and Co. KG, março de 2023.
ISBN: 978-6206-147640.

[85]. Fouad A. S. Soliman, e Hamid I. E. Mira, "Copper for Bright O futuro das energias renováveis", Livro publicado Lambert Academic Publicação, Omni-Scriptum, GmbH e Co. KG, março de 2023.
ISBN: 978-6206-142263.

[86]. Fouad A. S. Soliman, Amira A. Abo-talib e Doaa H. Hanafy, Renewable Energy the Power of World by 2050", Livro publicado Lambert Academic Publishing, Omni-Scriptum, GmbH e Co. KG, março de 2023. abril de 2023.
ISBN: 978-6206-153573.

[87]. Fouad A. S. Soliman e Karima A. Mahmoud, Global Energy Interligação e prática" Livro publicado Lambert Academic

Publicação Omni-Scriptum, GmbH e Co. KG. abril de 2023.
ISBN: 978-6206-153573.

[88]. **Fouad A. S. Soliman, Hamid I. E. Mira e Karima A. Mahmoud, "Uma visão do mundo da tecnologia da energia eólica".** Publicado Livro Lambert Academic Publishing, Omni-Scriptum, GmbH and Co. KG. setembro de 2023.
ISBN: 978-6206-781967.

[89]. **Fouad A. S. Soliman, Wafaa A. Zekri e Karima A. Mahmoud, "O papel do hidrogénio na vida humana".** Livro publicado Lambert Publicação académica, Omni-Scriptum, GmbH e Co. KG. setembro de 2023.
ISBN: 978-6206-78625-2.

[90]. **Fouad A. S. Soliman, e Karima A. Mahmoud, "Future of Energias Renováveis e Técnicas de Armazenamento".** Livro publicado Lambert Academic Publishing, Omni-Scriptum, GmbH e Co. KG. setembro de 2023.
ISBN: 978-6206-790570.

[91]. **Fouad A. S. Soliman, Hamid I. E. Mira e Karima A. Mahmoud, "Importância, pobreza, transmissão e segurança das energias renováveis Energia".** Livro publicado Lambert Academic Publishing, Omni-Scriptum, GmbH e Co. KG. setembro de 2023.
ISBN: 978-6206-8433513.

[92]. **Fouad A. S. Soliman, Hamid I. E. Mira e Karima A. Mahmoud, "Rumo a 100 % de energias renováveis".** Livro publicado Lambert Publicação académica, Omni-Scriptum, GmbH e Co. KG. Dez. 2023.
ISBN: 978-620-7-44774-9.

[93]. **Fouad A. S. Soliman, e Karima A. Mahmoud, "Vehicles Operação para um futuro não poluído".** Livro publicado Lambert Publicação académica, Omni-Scriptum, GmbH e Co. KG. Dez. 2023.
ISBN: 978-620-7-45399-3.

[94]. **Fouad A. S. Soliman, e Karima A. Mahmoud, "World of Fotónica".** Livro publicado Lambert Academic Publishing, Omni-

Scriptum, GmbH e Co. KG. dezembro de 2023.
ISBN: 978-620-7-45399-3.
[95]. Fouad A. S. Soliman, **e Karima A. Mahmoud, "Electronics and
Informática para eleições justas".** Livro publicado
Publicação académica, Omni-Scriptum, GmbH e Co. KG. Dez. 2023.
ISBN: 978-620-7-474783.
[96]. Fouad A. S. Soliman, **Hamid I. E.Mira e Karima A. Mahmoud,
"Fosfatos, Ácidos Fosfóricos e Células Fule".** Livro publicado Lambert
Publicação académica, Omni-Scriptum, GmbH e Co. KG. Dez. 2023.
ISBN: 978-620-7-484935.
[97]. Fouad A. S. Soliman, **e Karima A. Mahmoud, "Waste Heat
Recovery for Power Generation Applications".** Livro publicado
Lambert Academic Publishing, Omni-Scriptum, GmbH e Co. KG.
dezembro de 2023.
ISBN: 978-620-7-48768-4.
[98]. Fouad A. S. Soliman, **Hamed I. E. Mira, e Karima A. Mahmoud,**
"Estradas Solares", Livro Publicado. Lambert Academic Publishing, Omni-
Scriptum, GmbH e Co. KG. janeiro de 2024.
ISBN: 978-620-3-19965-5.
[99]. Fouad A. S. Soliman, **e Karima A. Mahmoud, "Solar Energy
Engenharia".** Livro publicado Lambert Academic Publishing, Omni-
Scriptum, GmbH e Co. KG, maio de 2024.
ISBN: 978-620-7-64062-1.
[100]. Fouad A. S. Soliman, **e Karima A. Mahmoud, "New Look to the
O mundo da energia negra e dos materiais".** Livro publicado Lambert
Publicação académica, Omni-Scriptum, GmbH e Co. KG, junho de 2024.
ISBN: 978-620-7-64872-6.
[101]. Fouad A. S. Soliman, **e Karima A. Mahmoud, "Artificial Intelligence
e o Futuro da Humanidade".** Livro publicado Lambert Academic Publi-
shing, Omni-Scriptum, GmbH e Co. KG, junho de 2024.
ISBN: 978-620-7-65198-6.

[102]. Fouad A. S. Soliman, **e Karima A. Mahmoud, "Technological Road-**
mapas para o objetivo de emissões líquidas zero até 2030 e 2050". Livro publicado
Lambert Academic Publishing, Omni - Scriptum, GmbH and Co. KG, junho
2024.
ISBN: 978-620-7-809264.
[103]. Fouad A. S. Soliman, **Hamed I. E. Mira e Karima A. Mahmoud,**
"Perovskite para o futuro brilhante das células solares". Livro publicado
Lambert Academic Publishing, Omni - Scriptum, GmbH and Co. KG, julho
2024.
ISBN: 978-620-7-995462.
[104]. Fouad A. S. Soliman **e Karima A. Mahmoud, "Role of Neural**
Redes sobre o futuro brilhante das ciências da computação". Publicado
Livro Lambert Academic Publishing, Omni - Scriptum, GmbH and Co.
KG, agosto de 2024.
ISBN: 978-620-8-01103-1.
[105]. Fouad A. S. Soliman, **Hamed I. E. Mira e Islam G. El-hendawy,**
"Regenerações de células fotovoltaicas e seus desenvolvimentos Investigação",
Livro publicado Lambert Academic Publishing, Omni - Scriptum, GmbH
e Co. KG, setembro de 2024.
ISBN: 978-620-8-11919-5.
[106]. Fouad A. S. Soliman **e Karima A. Mahmoud, "World of Hybridi-**
zação". Livro publicado Lambert Academic Publishing, Omni - Scriptum, GmbH e Co. KG, outubro de 2024.
ISBN: 978-620-817902.
[107]. Fouad A. S. Soliman **e Karima A. Mahmoud, "Tecnologias laser**
e futuras aplicações". Livro publicado Lambert Academic
Publishing, Omni -Scriptum, GmbH and Co. KG, outubro de 2024.

ISBN: 978-620-8-22485-1.
[108]. **Fouad A. S. Soliman, Karima A. Mahmoud e Islam G. Al-hindawy,**
"Inteligência artificial para a produção óptima de energia solar".
Livro publicado Lambert Academic Publishing, Omni -Scriptum, GmbH
e Co. KG, novembro de 2024.
ISBN: 978-3-659--75529-2.
[109]. **Fouad A. S. Soliman e Karima A. Mahmoud, "Polymer Composites:**
O Futuro dos Isoladores de Alta Tensão". Livro publicado Lambert
Publicação académica, Omni -Scriptum, GmbH e Co. KG, Nov. 2024.
ISBN: 978-3-659-97909-5.
[110]. **Fouad A. S. Soliman e Karima A. Mahmoud, "Optoelectronic Techn-**
ologias para a saúde humana, a segurança e o luxo". Livro publicado Lambert
Publicação académica, Omni -Scriptum, GmbH e Co. KG, Nov. 2024.
ISBN: 978-3-659-97909-5.

Karima A. Mahmoud
Doutoramento: Investigador de Física

[1]. **Fouad A. S. Soliman e Karima A. Mahmoud, "Future of Compo-**
site Materials" Livro publicado, Lambert Academic Publishing, Omni-
Scriptum GmbH and Co. KG, julho de 2019.
ISBN: 978-620-0-24780-3.
[2]. **Fouad A. S. Soliman** e **Karima A. Mahmoud**, **"Neurons Modeling**
e Circuitos Eléctricos Equivalentes", Publishing, Omni-Scriptum GmbH
and Co. KG, agosto de 2019.
ISBN: 978-620-0-29375-6.
[3]. **Fouad A. S. Soliman** e **Karima A. Mahmoud "Future of Electron**
Beam Applications", Publishing, Omni-Scriptum GmbH and Co. KG,

setembro de 2019.
ISBN: 978-620-0-43740-2.
[4]. **Fouad A.S.Soliman e Karima A. Mahmoud, "Renewable Energy e o futuro da vida humana",** Livro publicado Lambert Academic Publicação, Omni-Scriptum, GmbH e Co. KG, fevereiro de 2020.
ISBN: 978-620-0-53632-7.
[5]. **Fouad A. S. Soliman, Karima A. Mahmoud** e Amira Abdel-magid, **"Projecções, desenvolvimentos e explorações de energias renováveis Recursos"** Livro publicado, Lambert Academic Publishing, Omni Scriptum GmbH and Co. KG, março de 2020.
ISBN: 978-620-065158-7.
[6]. **Fouad A. A. Soliman,** Wafaa Abd El-Basit e **Karima A. Mahmoud,** "**Tecnologias fotovoltaicas inteligentes e o futuro da energia**", Livro publicado, Lambert Academic Publishing, Omni- Scriptum GmbH and Co. KG, março de 2020.
ISBN: 978-620-251267-1
[7]. **Fouad A. S. Soliman, Sanaa A.Kamh e Karima A. Mahmoud", Tecnologia de hardware de código aberto,** Livro publicado, Lambert Publicação académica, Omni-Scriptum GmbH e Co. KG, abril de 2020.
ISBN: 978-620-2-51639-6.
[8]. **Fouad A. S. Soliman e Karima A. Mahmoud, "New Trends in Benefícios das energias renováveis para a humanidade",** livro publicado, Lambert Publicação académica, Omni-Scriptum GmbH e Co. KG, maio de 2020.
ISBN: 978-620-2-51887-1.
[9]. **Fouad A. S. Soliman, Ashraf M. Abdel-maksoud e Karima A. Mahmoud," Energy Storage, Transmission and Monitoring** Livro publicado, Lambert Academic Publishing, Omni-Scriptum GmbH e Co. K.G., maio de 2020.
ISBN: 978-6213-94971-2.
[10]. **Fouad A. S. Soliman, Karima A. Mahmoud** e Amira Abdel-Magid, **"Projecções, desenvolvimentos e explorações de energias renováveis**

Recursos" Livro publicado, Lambert Academic Publishing, Omni-
Scriptum GmbH and Co. KG, março de 2020.
ISBN: 978-620-065158-7.

[11]. **Fouad A. A. Soliman**, Wafaa Abd El-Basit e **Karima A. Mahmoud"**
Tecnologias fotovoltaicas inteligentes e o futuro da energia", Livro publicado, Lambert Academic Publishing, Omni- Scriptum GmbH
and Co. KG, março de 2020.
ISBN: 978-620-251267-1

[12]. **Fouad A. S. Soliman, Sanaa A. Kamh e Karima A. Mahmoud",**
Tecnologia de hardware de código aberto, Livro publicado, Lambert
Publicação académica, Omni-Scriptum GmbH e Co. KG, abril de 2020.
ISBN: 978-620-2-51639-6

[13]. **Fouad A. S. Soliman e Karima A. Mahmoud," New Trends in Benefícios das energias renováveis para a humanidade",** livro publicado, Lambert
Publicação académica, Omni-Scriptum GmbH and Co. KG, maio de 2020.
ISBN: 978-620-2-51887-1.

[14]. **Fouad A. S. Soliman, Ashraf M. Abdel-maksoud e Karima A. Mahmoud, "Armazenamento, transmissão e monitorização de energia",**
Livro publicado, Lambert Academic Publishing, Omni-Scriptum GmbH
and Co. KG, maio de 2020.
ISBN: 978-613-4-94971-2.

[15]. **Fouad S. S. Soliman, e Karima A. Mahmoud, "Climate Effects on PV-Systems and their Maintenance and Recycling",** Livro publicado,
Lambert Academic Publishing, Omni-Scriptum GmbH e Co. KG, junho
2020.
ISBN: 978-620-2-56451-9.

[16]. **Fouad A. S. Soliman, Safaa M. El-Ghanam e Karima A. Mahmoud, "O mundo das tecnologias de gel",** Livro publicado,
Lambert Academic Publishing, Omni-Scriptum GmbH e Co. KG,

agosto de 2020.
ISBN: 978-620-2-68432-3.

[17]. **Fouad A. S. Soliman, Ashraf M. Abedel-maksoud e** Karima A. Mahmoud**", Tecnologias de energia autónoma e distribuída Systems"**, Livro Publicado, Lambert Academic Publishing, Omni-Scriptum GmbH and Co. KG, setembro de 2020.
ISBN: 978-620-0-50455-6.

[18]. **Fouad A. S. Soliman, Ashraf M. Abedel-maksoud e** Karima A. Mahmoud**", Technology and Future of Nano-fluids"**, Livro publicado, Lambert Academic Publishing, Omni-Scriptum GmbH and Co. KG, setembro de 2020.
ISBN: 978-620-2-80132-4.

[19]. **Fouad A. S. Soliman, Sanaa A.** Kamh e Karima A. Mahmoud, "New Trends in Micro-and Hybrid- Energy Grids", Livro Publicado, Lambert Academic **Publishing**, Omni-Scriptum GmbH and Co. KG, dezembro de 2020.
ISBN: 978-620-2-92022-3.

[20]. **Fouad A. S. Soliman, Safaa R. El-Ghanam e** Karima A. Mahmoud, **"New Trends in Photovoltaic System", Livro** publicado, **Lambert Academic Publishing, Omni-Scriptum GmbH and Co., K.G. Dez. 2020.**
ISBN: 978-620-3-47075-8.

[21]. **Fouad A. S. Soliman, Hamed I. E. Mira e** Karima A. Mahmoud, **"Pneus de sucata entre as tecnologias de reciclagem e de bioenergia",** Livro publicado Lambert Academic Publishing, Omni-Scriptum GmbH and Co. KG, março de 2021.
ISBN: 978-620-57464-7.

[22]. **Fouad A. S. Soliman e** Karima A. Mahmoud, **"Automatic Monitoring of PV-Systems'**, Livro publicado Lambert Academic. Publicação, Omni-Scriptum GmbH e Co. KG, setembro de 2021.
ISBN: 978-620-3-58196-6.

[23]. **Fouad A. S. Soliman, Hamed I. E. Mira e Karima A. Mahmoud,**
"Hidrogénio: O Futuro dos Combustíveis sem Carbono", Livro Publicado
Lambert Academic Publishing, Omni-Scriptum GmbH e Co. KG, outubro de 2021.
ISBN: 978-620-40 20741-4.
[24]. **Fouad A. S. Soliman, e Karima A. Mahmoud,** "Unmanned Aerial
Aplicações e desenvolvimento de veículos para pesos de poucos gramas",
Livro publicado Lambert Academic Publishing, Omni-Scriptum, GmbH
and Co. KG, outubro de 2022.
ISBN: 978-620-4-980669.
[25]. **Fouad A. S. Soliman, e Karima A. Mahmoud,** "The Benefits of
O plástico e os seus perigos iminentes para a humanidade", livro publicado
Lambert Academic Publishing, Omni-Scriptum, GmbH e Co. KG, outubro de 2022.
ISBN: 978-620-5622472.
[26]. **Fouad A. S. Soliman, e Karima A. Mahmoud, "Advanced
Tecnologias para prospeção e mineração de ouro",** Livro publicado
Lambert Academic Publishing Omni-Scriptum, GmbH e Co. KG, fevereiro de 2023.
ISBN: 978-620-6142263.
[27]. **Fouad A. S. Soliman e Karima A. Mahmoud, "Neuro-linguistic
Programação",** Livro publicado Lambert Academic Publishing, Omni-
Scriptum, GmbH e Co. KG, março de 2023.
ISBN: 978-620-14432.
[28]. **Fouad A. S. Soliman, e Karima A. Mahmoud, "Global Energy
Interligação e Prática".** Livro publicado Lambert Academic
Publicação, Omni-Scriptum, GmbH e Co. KG, abril de 2023.
ISBN: 978-6206-153573.
[29]. **Fouad A. S. Soliman, Hamid I. E. Mira e Karima A. Mahmoud,**
"Uma visão do mundo da tecnologia da energia eólica". Publicado
Livro Lambert Academic Publishing, Omni-Scriptum, GmbH and Co.

KG. setembro de 2023.
ISBN: 978-6206-781967.
[30]. **Fouad A. S. Soliman, Wafaa A. Zekri e Karima A. Mahmoud, Role do Hidrogénio na Vida Humana".** Livro publicado Lambert Academic Publishing, Omni-Scriptum, GmbH and Co. KG. setembro de 2023.
ISBN: 978-6206-78625-2.
[31]. **Fouad A. S. Soliman e Karima A. Mahmoud, "Future of Energias Renováveis e Técnicas de Armazenamento".** Livro publicado Lambert Academic Publishing, Omni-Scriptum, GmbH e Co. KG. setembro de 2023.
ISBN: 978-6206-790570.
[32]. **Fouad A. S. Soliman, Hamid I. E. Mira e Karima A. Mahmoud, "Importância, pobreza, transmissão e segurança das energias renováveis Energia".** Livro publicado Lambert Academic Publishing, Omni-Scriptum, GmbH e Co. KG. setembro de 2023.
ISBN: 978-6206-8433513.
[33]. **Fouad A. S. Soliman, Hamid I. E. Mira e Karima A. Mahmoud, "Rumo a 100 % de energias renováveis".** Livro publicado Lambert Publicação académica, Omni-Scriptum, GmbH e Co. KG. Dez. 2023.
ISBN: 978-620-7-44774-9.
[34]. **Fouad A. S. Soliman, e Karima A. Mahmoud, "Vehicles Operation Um futuro não poluído".** Livro publicado Lambert Academic Publishing. Omni-Scriptum, GmbH e Co. KG. dezembro de 2023.
ISBN: 978-620-7-45399-3.
[35]. **Fouad A. S. Soliman e Karima A. Mahmoud, "World of Fotónica".** Livro publicado Lambert Academic Publishing, Omni-Scriptum, GmbH e Co. KG. dezembro de 2023.
ISBN: 978-620-7-467945.
[36]. **Fouad A. S. Soliman, e Karima A. Mahmoud, "Electronics and Ciências da Computação para eleições justas".** Livro publicado Lambert

Publicação académica, Omni-Scriptum, GmbH e Co. KG. Dez. 2023.
ISBN: 978-620-7-474783.

[37]. Fouad A. S. Soliman e Karima A. Mahmoud, "Phosphates, Ácidos Fosfóricos e Células Fule". Livro publicado Lambert Academic Publishing, Omni-Scriptum, GmbH and Co. KG. dezembro de 2023.
ISBN: 978-620-7-484935.

[38]. Fouad A. S. Soliman, eKarima A. Mahmoud, "Waste Heat Recovery for Power Generation Applications". Livro publicado Lambert Publicação académica, Omni-Scriptum, GmbH e Co. KG. Dez. 2023.
ISBN: 978-620-7-48768-4.

[39]. Fouad A. S. Soliman, Hamed I. E. Mira, e Karima A. Mahmoud, "Estradas Solares", Livro Publicado. Lambert Academic Publishing, Omni-Scriptum, GmbH e Co. KG. janeiro de 2024.
ISBN: 978-620-3-19965-5.

[40]. Fouad A. S. Soliman, eKarima A. Mahmoud, "Solar Energy Engineering". Livro publicado Lambert Academic Publishing, Omni-Scriptum, GmbH e Co. KG, maio de 2024.
ISBN: 978-620-7-64062-1.

[41]. Fouad A. S. Soliman, eKarima A. Mahmoud, "New Look to the O mundo da energia negra e dos materiais". Livro publicado Lambert Publicação académica, Omni-Scriptum, GmbH e Co. KG, junho de 2024.
ISBN: 978-620-7-64872-6.

[42]. Fouad A. S. Soliman, e Karima A. Mahmoud, "Inteligência Artificial e o Futuro da Humanidade". Livro publicado Lambert Academic Publicação, Omni-Scriptum, GmbH e Co. KG, junho de 2024.
ISBN: 978-620-7-65198-6.

[43]. Fouad A. S. Soliman, e Karima A. Mahmoud, "Technological Road-

mapas para o objetivo de emissões líquidas zero até 2030 e 2050". Livro publicado
Lambert Academic Publishing, Omni - Scriptum, GmbH and Co. KG, junho
2024.
ISBN: 978-620-7-809264.
[44]. Fouad A. S. Soliman, Hamed I. E. Mira e Karima A. Mahmoud,
"Perovskite para o futuro brilhante das células solares". Livro publicado
Lambert Academic Publishing, Omni - Scriptum, GmbH and Co. KG, julho
2024.
ISBN: 978-620-7-995462.
[45]. Fouad A. S. Soliman e Karima A. Mahmoud, "Role of Neural Redes sobre o futuro brilhante das ciências da computação". Publicado
Livro Lambert Academic Publishing, Omni - Scriptum, GmbH and Co.
KG, agosto de 2024.
ISBN: 978-620-8-01103-1.
[46]. Fouad A. S. Soliman e Karima A. Mahmoud, "World of Hybridi-zação". Livro publicado Lambert Academic Publishing, Omni - Scriptum,
GmbH e Co. KG, outubro de 2024.
ISBN: 978-620-817902.
[47]. Fouad A. S. Soliman e Karima A. Mahmoud, "Tecnologias laser e futuras aplicações". Livro publicado Lambert Academic
Publishing, Omni -Scriptum, GmbH and Co. KG, outubro de 2024.
ISBN: 978-620-8-22485-1.
[48]. Fouad A. S. Soliman e Karima A. Mahmoud, "Inteligência Artificial para a geração óptima de energia solar". Livro publicado Lambert
Publicação académica, Omni -Scriptum, GmbH e Co. KG, Nov. 2024.
ISBN: 978-3-659--75529-2.
[49]. Fouad A. S. Soliman e Karima A. Mahmoud, "Polymer Composites:

O Futuro dos Isoladores de Alta Tensão". Livro publicado Lambert
Publicação académica, Omni -Scriptum, GmbH e Co. KG, Nov. 2024.
ISBN: 978-3-659-97909-5.
**[50]. Fouad A. S. Soliman e Karima A. Mahmoud, "Optoelectronic Techn-
ologias para a saúde humana, a segurança e o luxo"**. Livro publicado Lambert
Publicação académica, Omni -Scriptum, GmbH e Co. KG, Nov. 2024.
ISBN: 978-3-659-97909-5.

Islam G. Al-hindawy

Doutoramento em Química dos Materiais
Departamento de Química

Aptidões e conhecimentos especializados: Materiais, materiais nanoestruturados, materiais avançados,
materiais porosos, caraterização de materiais, extração,
sensores, adsorção e tratamento de água.

Publicações:

- Purificação por ação solar: Remoção de contaminantes farmacêuticos da água utilizando o fotocatalisador NASICON dopado com carbono.
- Atividade fotocatalítica melhorada do compósito TiO2/Bi2O3 tridopado (In-Sr-P) carregado em carbono mesoporoso: Uma abordagem de síntese sol-hidrotermal fácil.
- Dióxido de zircónio (ZrO2) dopado com tungstato de zircónio (Zr4W8O32) para proteção contra raios gama: análise aprofundada do fabrico, caraterização e propriedades de atenuação dos raios gama
- O potencial do bi 2-xZr x O 3+x/2 @ZrO 2 (BZO) como material pesado de proteção contra a radiação: Fabrico e caraterização utilizando uma técnica hidrotérmica diretamente a partir do mineral zircão.
- Captura de urânio de uma solução aquosa utilizando carvão ativado à base de resíduos de palma: cinética de sorção e equilíbrio.

- Materiais avançados de proteção contra a radiação: Cerâmicas de zircónia dopadas com PbO 2 sintetizadas através do inovador método sol-gel.
- Utilização de um método hidrotérmico de um passo para o fabrico e avaliação das caraterísticas de proteção contra a radiação em zircónia dopada com Pb(ZrO3): síntese e caraterização.
- Um nanocompósito mesoporoso de TiO 2 dopado com Mo e N Co com maior eficiência fotocatalítica.
- Melhoria do desempenho fotocatalítico dos catalisadores à base de Co-TiO 2 e Mo-TiO 2 através da engenharia de defeitos e dopagem: Um estudo sobre a degradação de poluentes orgânicos sob luz UV.
- Análise exaustiva dos efeitos do Mo e do Co na síntese, na estrutura e nas propriedades de proteção contra a radiação de compósitos à base de TiO 2
- Metodologia de síntese para o controlo do tamanho e da forma de materiais bidimensionais
- Óxido de zircónio dopado com La/Nd: Impacto da transição de fase da zircónia nas propriedades de proteção contra raios gama
- Captura de urânio de uma solução aquosa utilizando carvão ativado à base de resíduos de palma: cinética de sorção e equilíbrio
- Uma investigação em várias fases para compreender a função do lantânio e do neodímio na síntese, estrutura e capacidade de proteção contra raios gama das cerâmicas de zircónia
- Melhoria do desempenho fotocatalítico dos cata-líticos à base de Co-TiO2 e Mo-TiO2 através da engenharia de defeitos e dopagem: Um estudo sobre a degradação de poluentes orgânicos sob luz UV
- RSC Advances d3ra04034h 1 Efeito da dopagem com bismuto na estrutura cristalina e na atividade fotocatalítica do óxido de titânio
- Otimização da proteção contra radiações gama com nano-mate-riais híbridos de cobalto-titânia
- Impacto da temperatura de calcinação nas propriedades estruturais e de proteção contra a radiação do composto NASICON sintetizado a partir de minerais de zircão
- Síntese de pós de vidro para aplicações de proteção contra radiações com base no licor de lixiviação de minerais de zirco-nio
- Compósito de caulinite/tioureia-formaldeído para uma sorção eficaz de U(VI) do ácido fosfórico comercial

- Um novo sensor dependente do pH para o reconhecimento de iões de estrôncio na água: Uma arquitetura mesoporosa hierarquicamente estruturada
- Nanofolhas de Titânia-Carvão dopadas com cobalto com vacâncias de oxigénio induzidas para a degradação fotocatalítica de resíduos radioactivos complexos
- Melhoria do desempenho fotocatalítico das nanofolhas de titânia dopadas com cobalto através da indução de vagas de oxigénio para a degradação eficiente de poluentes orgânicos
- Fabrico de monólitos de sílica mesoporosa semelhantes a vermes como um sorvente eficiente para iões de tório a partir de meios de nitrato
- Nanofolhas de Titânia-Carvão dopadas com cobalto com vacâncias de oxigénio induzidas para a degradação fotocatalítica de resíduos radioactivos complexos
- Melhoria do desempenho fotocatalítico das nanofolhas de titânia dopadas com cobalto através da indução de vacâncias de oxigénio para uma degradação eficiente de poluentes orgânicos
- Fabrico de um permutador de catiões mesoporoso NaZrP para a separação de iões U(VI) de licores de lixiviação de uranilo

Livros publicados

[1]. **Fouad A. S. Soliman, Hamed I. E. Mira e Islam G. El-hendawy,**

"Regenerações de células fotovoltaicas e seus desenvolvimentos Investigação",

Livro publicado Lambert Academic Publishing, Omni - Scriptum, GmbH

e Co. KG, setembro de 2024.

ISBN: 978-620-8-11919-5.

[2]. **Fouad A. S. Soliman, Karima A. Mahmoud e Islam G. Al-hindawy**

"Inteligência artificial para a produção óptima de energia solar".

Livro publicado Lambert Academic Publishing, Omni -Scriptum, GmbH

e Co. KG, novembro de 2024.

ISBN: 978-3-659--75529-2.

Agradecimentos

Estamos ajoelhados em obediência **a ALLAH, agradecendo-Lhe** por me ter mostrado o caminho certo. Sem a ajuda de **Deus,** os nossos esforços ter-se-iam perdido. Foi com a graça de **Deus** que conseguimos alcançar este grande feito. Agradecemos também a uma pessoa que amamos muito, o **Profeta Maomé (que Deus o louve e lhe dê paz).**

Gostaríamos também de expressar a nossa mais profunda gratidão a:

- **Nuclear Materials Authority, Cairo, Egito.**

Funcionário dos diferentes sectores.

- **Colégio Feminino de Artes, Ciências e Educação, Ain-shams Universidade, Cairo, Egito**

Membros do pessoal do Departamento de Física e do Laboratório de Investigação em Eletrónica.

- **Centro Nacional de Investigação e Tecnologia das Radiações, Cairo, Egito**

Membros do pessoal do Departamento de Física das Radiações.

- **Membros do pessoal do Centro Egípcio de Estudos Económicos, Investigação Científica e Ambiental e Desenvolvimento.**

Resumo

- As fontes de energia renováveis podem ser utilizadas vezes sem conta. As fontes renováveis incluem a energia solar, a energia eólica, a energia geotérmica, a biomassa e a energia hidroelétrica. Geram muito menos poluição, tanto na recolha como na produção, do que as fontes não renováveis. Neste contexto, são muitos os esforços para converter a luz solar em eletricidade.

- Uma central eléctrica fotovoltaica, também conhecida como parque solar, parque solar ou central de energia solar, é um sistema de energia fotovoltaica ligado à rede em grande escala (sistema PV) concebido para o fornecimento de energia comercial. São diferentes da maioria dos sistemas solares de energia solarmontados em edifícios e de outros sistemas descentralizados , porque fornecem energia ao nível da rede eléctrica, e não a um utilizador ou utilizadores locais. A energia solar à escala da rede é por vezes utilizada para descrever este tipo de projeto.

- O telhado de um edifício agrícola pode ser um local ideal para uma instalação solar. Os telhados têm grandes áreas de superfície com poucas obstruções e o proprietário tem normalmente controlo sobre os objectos que podem sombrear os módulos solares durante a vida útil da instalação. O desafio é que a maioria das estruturas agrícolas existentes não foi concebida para suportar instalações solares em telhados. Como resultado, há uma série de questões a colocar quando se considera uma instalação solar no telhado. Esta ficha informativa analisa essas questões e os aspectos a ter em conta.

- A arquitetura solar consiste em conceber edifícios de modo a utilizar o calor e a luz do sol com o máximo de vantagens e o mínimo de desvantagens, e refere-se especialmente ao aproveitamento da energia solar. Está relacionada com os domínios da ótica, da térmica, da eletrónica e da ciência dos materiais. Estão envolvidas estratégias activas e passivas.

- O primeiro teste bem sucedido, em janeiro de 2024, de um parque solar no espaço - que recolhe a energia solar a partir de uma célula fotovoltaica e transporta a energia para a Terra - constituiu uma demonstração inicial de viabilidade concluída. Estas instalações não estão limitadas pela cobertura de nuvens ou pelo ciclo do Sol.

Palavras-chave

Energia, propriedade, objetos, que, transferido, convertido, em, diferentes, formas, capacidade, sistema, executar trabalho, comum, descrição, difícil, único, compreensível, definição, energia, porque, muitas, formas, exemplo, unidades SI, medido, joules, definido, mecanicamente, sendo, a, energia, transferida, mecânica, trabalho, movendo-se, distância, metro, contra, força, Newton, no entanto, existem, muitos, outros, definições de energia, dependendo, contexto, tais, como, energia térmica, energia radiante, electromagnética, nuclear, onde, definições, derivadas, mais, conveniente, incluem, energia cinética, movendo, objeto, energia potencial, armazenada, posição do objeto, campo de força, gravitacional, eléctrica, magnética, energia elástica, armazenada, alongamento, sólida, objectos, energia química, libertada, combustível queima, energia radiante, transportada, luz, energia térmica, devido, à, temperatura do objeto, muitas, formas, energia, convertível, outros, tipos, Newton, física, universal, diz, nem, criado, nem, destruído, no, entanto, c hange, de, uma, forma, para, outra, sistemas, fechados, externos, fonte, sumidouro, de, energia, primeira, lei, termo-dinâmica, afirma, energia, do, sistema, constante, a, menos, que, energia, transferida, para, dentro, ou, para, fora, trabalho, mecânico, calor, significa, que, impossível, criar ou destruir energia, calor, pode, sempre, ser, totalmente, convertido, em, trabalho, reversível, isotérmico, expansão, gás ideal, processos cíclicos, interesse, prático, motores de, calor, segunda, lei, termo-dinâmica, afirma, que, sistema, fazendo, trabalho, sempre, perde, alguma, energia, calor residual, cria, limite, quantidade, de, energia, térmica, trabalho, processo, cíclico, limite, chamado, energia disponível,, mecânica, outras, formas, transformadas, noutra, direção, em, energia térmica,, sem, tais, limitações, energia, total, do, sistema, pode, ser, calculada, somando, formas, de, energia, do, sistema, fotovoltaico, fotovoltaicosistema fotovoltaico deligado à redefotovoltaico, também conhecido como parque solar, quinta solar, central solar, grande escala , sistema , concebido para fornecer energia comercial, difere da maioria dos outros sistemas de energia solar descentralizados, montados em edifícios, porque fornece energia ao nível dos serviços públicos, em vez de local, usuário, usuários, escala de utilidade, às vezes, usado para, descrever, tipo de, projeto, arquitetura solar, projetando, edifícios, calor do sol, luz, máximo, vantagem, desvantagem mínima, especialmente, refere-se, aproveitando, energia solar, relacionados, campos, ótica, eletrônica, ciência dos materiais. ativa, passiva, estratégias, envolvidas, evitar, sobreaquecimento, deixa, luz solar, passar, inverno, máscara, qualquer, opaco, material, fino, cortina, penhasco, parede, pode ser, máscaras solares, árvore frondosa, colocar, frente, estufa, esconder, estufa, verão, luz solar, entrar, inverno, folhas, ter, caído, sombras, trabalhar, mesmo, de, acordo, estação, usando, sazonal, mudança, obter, verão, luz, inverno, geral, regra, máscara solar, chaminé solar, exterior cor preta, usado, romano, antiguidade, sistema de ventilação, superfície preta, faz, chaminé aquecer, com, luz solar, ar, interior, fica, mais quente, sobe, bombeamento, subterrâneo, ano, tradicional ar-solo, permutador, usado, fazer, casas, frescas, no verão, ameno, e inverno.

Índice

Capítulo (1)
Energia e conversão de energia solar

1.1. Energia

Em física, a energia é uma propriedade dos objectos que pode ser transferida para outros objectos ou convertida em diferentes formas [1]. A "capacidade de um sistema efetuar trabalho" é uma descrição comum, mas é difícil dar uma única definição abrangente de energia devido às suas muitas formas [2]. Por exemplo, nas unidades SI, a energia é medida em joules, e um joule é definido "mecanicamente", sendo a energia transferida para um objeto pelo trabalho mecânico de o mover uma distância de 1,0 metro contra uma força de 1,0 Newton. No entanto, existem muitas outras definições de energia, dependendo do contexto, como a energia térmica, radiante, electromagnética, nuclear, etc., de onde se derivam as definições mais convenientes.

As formas de energia mais comuns incluem a energia cinética de um objeto em movimento, a energia potencial armazenada pela posição de um objeto num campo de forças (gravitacional, elétrico ou magnético), a energia elástica armazenada pelo estiramento de objectos sólidos, a energia química libertada quando um combustível arde, a energia radiante transportada pela luz e a energia térmica devida à temperatura de um objeto. Todas as muitas formas de energia são convertíveis noutros tipos de energia. Na física newtoniana, existe uma lei universal de conservação da energia que diz que a energia não pode ser criada nem destruída; no entanto, pode mudar de uma forma para outra.

Para "sistemas fechados" sem fonte ou sumidouro externo de energia, a primeira lei da termodinâmica afirma que a energia de um sistema é constante, a menos que a energia seja transferida para dentro ou para fora por trabalho mecânico ou calor, e que nenhuma energia é perdida na transferência. Isto significa que é impossível criar ou destruir energia. Embora o calor possa sempre ser totalmente convertido em trabalho numa expansão isotérmica reversível de um gás ideal, para os processos cíclicos de interesse prático em motores térmicos, a segunda lei da termodinâmica estabelece que o sistema que realiza o trabalho perde sempre alguma energia como calor residual. Isto cria um limite para a quantidade de energia térmica que pode realizar trabalho num processo cíclico, um limite designado por energia disponível. A energia mecânica e outras formas de energia podem ser transformadas no sentido inverso em energia térmica sem tais limitações [3-5]. A energia total de um sistema pode ser calculada somando todas as formas de energia do sistema.

Exemplos de transformação de energia incluem a produção de energia eléctrica a partir de energia térmica através de uma turbina a vapor, ou a elevação de um objeto contra a gravidade utilizando energia eléctrica que acciona o motor de uma grua. A elevação contra a gravidade realiza trabalho mecânico no objeto e armazena energia potencial gravitacional no objeto **[6]**. Se o objeto cair no solo, a gravidade realiza um trabalho mecânico no objeto que transforma a energia potencial no campo gravitacional em energia cinética libertada sob a forma de calor no impacto com o solo. O nosso Sol transforma a energia potencial nuclear noutras formas de energia; a sua massa total não diminui devido a esse facto em si mesmo (uma vez que continua a conter a mesma energia total, mesmo que sob formas diferentes), mas a sua massa diminui quando a energia escapa para o seu ambiente, em grande parte sob a forma de energia radiante [7, 8].

A massa e a energia estão intimamente relacionadas. De acordo com a teoria da equivalência massa-energia, qualquer objeto que tenha massa quando está estacionário num referencial (denominado massa de repouso) tem também uma quantidade equivalente de energia, cuja forma é denominada energia de repouso nesse referencial, e qualquer energia adicional adquirida pelo objeto acima dessa energia de repouso aumentará a massa do objeto. Por exemplo, se tivermos uma balança suficientemente sensível, podemos medir o aumento de massa após o aquecimento de um objeto [9, 10].

Os organismos vivos necessitam de energia disponível para se manterem vivos, tal como a energia que os humanos obtêm dos alimentos. A civilização obtém a energia de que necessita a partir de recursos energéticos como os combustíveis fósseis, o combustível nuclear ou as energias renováveis. Os processos do clima e do ecossistema da Terra são impulsionados pela energia radiante que a Terra recebe do Sol e pela energia geotérmica contida na Terra [11].

Figure 10. World Marketed Energy Use by Fuel Type, 1980-2030

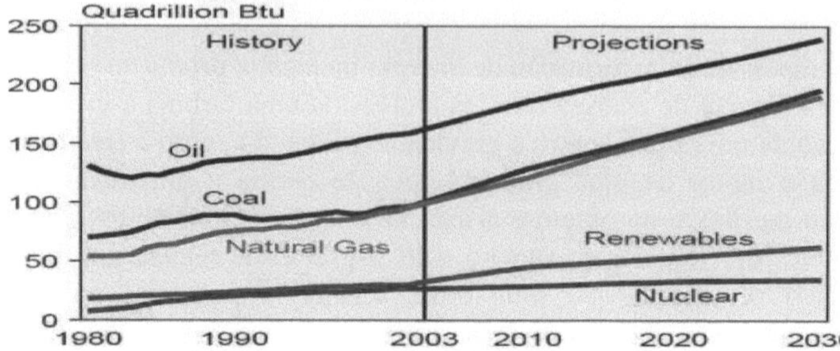

Sources: **History:** Energy Information Administration (EIA), *International Energy Annual 2003* (May-July 2005), web site www.eia.doe.gov/iea/. **Projections:** EIA, System for the Analysis of Global Energy Markets (2006).

1.2. Tipos de energia

A energia é a força que utilizamos para os transportes, para o aquecimento e a iluminação das nossas casas e para o fabrico de todo o tipo de produtos. Existem duas fontes de energia: a energia renovável e a energia não renovável.

1.2.1. Fontes de energia não renováveis

A maior parte da energia que utilizamos provém de combustíveis fósseis, como o carvão, o gás natural e o petróleo. O urânio é outra fonte não renovável, mas não é um combustível fóssil. O urânio é convertido em combustível e utilizado em centrais nucleares [12]. Quando estes recursos naturais se esgotam, desaparecem para sempre.

O processo de recolha destes combustíveis pode ser prejudicial para os biomas de onde provêm. Os combustíveis fósseis são submetidos a um processo chamado combustão para produzir energia. A combustão liberta poluição, como o monóxido de carbono e o dióxido de enxofre, que podem contribuir para as chuvas ácidas e o aquecimento global.

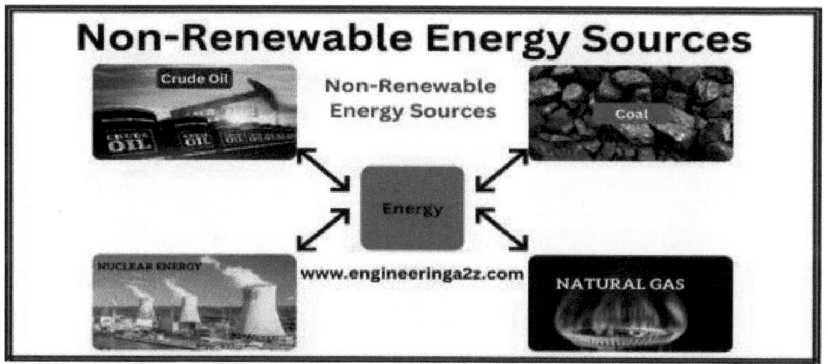

Fontes de energia não renováveis.

1.2.1.1. Fontes de energia renováveis

As fontes de energia renováveis podem ser utilizadas vezes sem conta. Os recursos renováveis incluem a energia solar, a energia eólica, a energia geotérmica, a biomassa e a energia hidroelétrica. Geram muito menos poluição, tanto na recolha como na produção, do que as fontes não renováveis [13-17].

- A energia solar provém do sol. Algumas pessoas utilizam painéis solares nas suas casas para converter a luz solar em eletricidade.
- As turbinas eólicas, que se parecem com moinhos de vento gigantes, geram eletricidade.
- A energia geotérmica provém da crosta terrestre. Os engenheiros extraem vapor ou água muito quente da crosta terrestre e utilizam o vapor para gerar eletricidade.
- A biomassa inclui produtos naturais como a madeira, o estrume e o milho. Estes materiais são queimados e utilizados para produzir calor.
- As barragens e os rios produzem energia hidroelétrica. Quando a água passa por uma barragem, ativa uma turbina que faz funcionar um gerador elétrico.

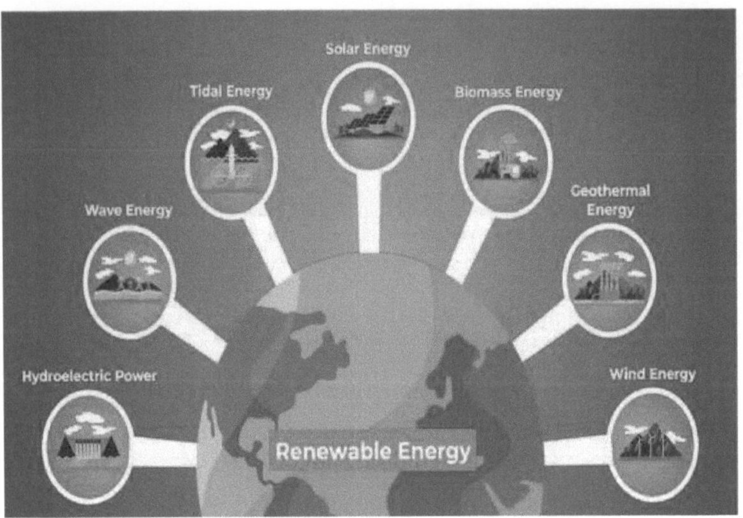

Fontes de energia renováveis.

1.2.2. Percentagem de energia renovável produzida por país

Foi mapeada a percentagem de energia renovável produzida em países de todo o mundo. Este dado foi calculado dividindo a quantidade de energia produzida através de meios renováveis (solar, hidroelétrica, eólica, térmica, etc.) dividida pela quantidade total de energia produzida no país. Com esta preocupação [17, 18]:

- O Equador é relativamente progressista no que respeita à produção de energias renováveis.

- A título de comparação, cerca de cento e trinta dos países do mundo produzem entre 0 e 1% da sua energia de forma renovável.
- Existe uma grande diferença de valores entre as centenas de países que produzem 0-1% de energia renovável e o único país que produz 124% de energia renovável.

- A produção média de energia renovável por país é de 11%. Esta média implica que a maioria dos países produz 11% de energia renovável, quando, na realidade, alguns casos anómalos (estes grandes produtores de energia renovável) distorcem os dados.

- A mediana é uma medida mais exacta da quantidade de energia renovável que a maioria dos países está a produzir. A mediana é 1% da produção de energia renovável por país.

- Em comparação com a mediana de 1%, os impressionantes 20% de produção de energia renovável do Equador são elevados.

- Esta medição não prova que o Equador seja um país mais ético ou amigo do ambiente.

- Pelo contrário, implica que o Equador tem capacidade geográfica, económica e cultural para produzir energias renováveis. Por exemplo, o Egito não tem capacidade geo-gráfica para produzir energia hidroelétrica devido ao seu clima,

- Os Estados Unidos não têm a capacidade cultural e política para produzir energia renovável ao nível do Equador, devido à sua população conservadora, e a Antárctida não tem a capacidade económica para produzir energia porque não tem PIB nem população consistente. A elevada produção de energia renovável do Equador deve-se a um conjunto interessante e complexo de factores.

Percentagem de energia renovável produzida por país.

1.2.3. Desenvolvimento energético

O desenvolvimento energético é um domínio de atividade centrado na disponibilização de fontes de energia primária [12-18] e de formas de energia secundária suficientes para satisfazer as necessidades da sociedade [19-23]. Estes esforços abrangem os que permitem a produção de fontes de energia convencionais, alternativas e renováveis, bem como a recuperação e reutilização de energia que, de outro modo, seria desperdiçada. As medidas eficiência de conservação energética e reduzem o impacto do desenvolvimento energético e podem trazer benefícios para a sociedade com alterações nos custos económicos e nos efeitos ambientais.

As sociedades industriais contemporâneas utilizam fontes de energia primárias e secundárias para o transporte e a produção de muitos bens manufacturados. Além disso, as grandes populações industriais dispõem de vários de produção serviços e fornecimento de energia distribuição para e utilização pelo utilizador final. Esta energia é utilizada por pessoas que podem suportar o custo de vida em várias condições climatéricas através da utilização de aquecimento, ventilação e/ou ar condicionado. O nível de utilização de fontes de energia externas difere consoante as sociedades, juntamente com a conveniência, os níveis de congestionamento do tráfego, as fontes de poluição [24] e a disponibilidade de fontes de energia domésticas.

Milhares de pessoas na sociedade estão empregadas na indústria da energia, que influenciam subjetivamente e têm impacto nos comportamentos. A indústria convencional inclui a indústria do petróleo, a indústria do gás, a indústria da energia eléctrica, a indústria do carvão e a indústria da energia nuclear. As novas indústrias energéticas incluem a indústria das energias renováveis, que inclui o fabrico, a distribuição e a venda de combustíveis alternativos e sustentáveis. Embora o desenvolvimento de novas fontes de hidrocarbonetos [25], incluindo a perfuração em águas profundas/horizontal e o fracking, esteja continuamente em curso, os compromissos para mitigar as alterações climáticas estão a impulsionar os esforços para desenvolver fontes de energia alternativas e renováveis.

1.3. Conversão de energia solar

A conversão da energia solar descreve tecnologias dedicadas à transformação da energia solar noutras formas (úteis) de energia, incluindo eletricidade, combustível e calor [26]. Abrange as tecnologias de captação de luz, incluindo os dispositivos fotovoltaicos semicondutores tradicionais (PV), a energia fotovoltaica emergente [27-29], a produção de combustível solar através de eletrólise, a fotossíntese artificial e formas afins de fotocatálise, que visam a produção de moléculas ricas em energia [30].

Conversão de energia solar.

Os aspectos electro-ópticos fundamentais em várias tecnologias emergentes de conversão de energia solar para a produção de eletricidade (fotovoltaica) e de combustíveis solares constituem uma área ativa da investigação atual.

1.4. Referências

[1]. Kittel, Charles; Kroemer, Herbert (1980-01-15). Física Térmica. Macmillan. ISBN-9780716710882.

[2]. Benno Maurus Nigg, Brian R. MacIntosh, Joachim Mester (2000). Biomecânica e Biologia do Movimento, Human Kinetics, p. 12. ISBN9780736003315.

[3]. As Leis da Termodinâmica, incluindo definições cuidadosas de energia, energia livre e energia de projeto.
energia, etc.

[4]. Harper, Douglas. "Energia". Etimologia online. Recuperado em 1 de maio de 2007.

[5]. Smith, Crosbie (1998). A Ciência da Energia - uma História Cultural de
Energy Physics in Victorian Britain, The University of Chicago Press.
ISBN0-226-76420-6.

[6]. Lofts, G; O'Keeffe D; et al. (2004). "11 - Interações Mecânicas". Jacaranda Physics 1 (2 ed.). Milton, Queensland, Austrália: John Willey &
Sons Australia Ltd. p. 286. ISBN0-0-7016-3777-3.

[7]. O Hamiltoniano MIT Open Course Ware website 18.013A Capítulo 16.3
Acedido em fevereiro de 2007.
[8]. "Recuperado em 29 de maio de 2009". Uic.edu. Recuperado em 2010-12-12.
[9]. Calculadora de bicicletas - velocidade, peso, potência, etc.
[10]. Schmidt-Rohr, K. (2015). "Porque é que as combustões são sempre exotérmicas,
Yielding About 418 kJ per Mole of O_2" J. Chem. Educ.**92**: 2094-2099.
http://dx.doi.org/10.1021/acs. jchemed.5b00333
[11]. Ito, Akihito; Oikawa, Takehisa (2004). " Mapeamento global de
Produtividade primária e eficiência na utilização de luz com um processo baseado em
Modelo. " in Shiyomi, M. et al. (Eds.) Global Environmental Change in the
Ocean and on Land. pp. 343-58.
[12]. REN21-Rede de Política de Energias Renováveis para o Século XXI
Energias renováveis, 2012. Relatório sobre o estado global, 2012
[13]. eia.gov-U.S. Energy Information Administration Intr. Energy Statistics.
[13]. Lawrence Livermore National de energiaLaboratory-Fluxograma, 2011
[15]. A lei federal sobre investigação e desenvolvimento no domínio da energia não nuclear (Public Law
93-577) secção 11, avaliação ambiental: relatório ao Presidente e
Congresso. Pela Agência de Proteção Ambiental dos Estados Unidos. Gabinete de
Engenharia e tecnologia ambiental.
[16]. The Social impacts of energy development on national parks: final report Por
Serviço Nacional de Parques dos Estados Unidos, Universidade de Denver.
Mudança de comunidade. Serviço Nacional de Parques, Departamento do Interior dos EUA,
1984.
[17]. Avaliação do impacto do desenvolvimento de recursos energéticos na qualidade da água,
Volume 1. Por Susan M. Melancon, Terry S. Michaud, Robert William
Thomas. Laboratório de Monitorização e Apoio Ambiental, 1979.
[18]. Recursos para o século XXI: actas da conferência internacional

Simpósio do centenário do Serviço Geológico dos Estados Unidos, realizado em
Reston, Virgínia, 14-19 de outubro de 1979. Por Frank C. Whitmore, Mary Ellen
Williams, U.S. Geological Survey.
[19]. The Homeowner's Guide to Renewable Energy: Conseguir energia Independência. Por Dan Chiras. New Society Publishers, 5 de julho de 2011.
[20]. Renewable Energy Sources for Sustainable Development (Fontes de energia renováveis para o desenvolvimento sustentável). Por Narendra
Singh Rathore, N.L. Panwar. New India Publishing, 1 de janeiro de 2007
[21]. Renewable Energy Sources and Climate Change Mitigation (Fontes de energia renováveis e mitigação das alterações climáticas): Resumo para
Resumo técnico e dos decisores políticos: Relatório especial do Comité Intergovernamental para o Desenvolvimento
Painel sobre as Alterações Climáticas, Cambridge University Press, 2011.
[22]. Investigação sobre energia solar e combustíveis não fósseis. Por United States. Cooperativa
Serviço de Investigação do Estado, Smithsonian Science Information Exchange. O
Departamento, 1981.
[23]. Relatório final da Task Force on the Availability of Federally Owned
Terras Minerais, Volumes 1-2. Pelos Estados Unidos. Grupo de Trabalho sobre o
Disponibilidade de terras minerais de propriedade federal.
[24]. Hydrocarbon Bioremediation, Volume 2 editado por Robert E. Hinchee
[25]. Exploração de Recursos de Hidrocarbonetos: Novas Soluções para o Abastecimento de Energia :
Panorama 1995-1998. Comissão Europeia, Direção-Geral da
DG Energia XVII, 1999.
[26]. Crabtree, G. W.; Lewis, N. S. (2007). "Conversão de energia solar". Física
Today 60, 3, 37. doi:10.1063/1.2718755.
[27]. Reacções Redox induzidas pela luz em sistemas nanocristalinos, Anders
Hagfeldt e Michael Graetzel, Chem. Rev., 95, 1, 49-68 (1995)
[28]. Engenharia de interfaces de materiais para energia fotovoltaica processada em solução,

Michael Graetzel, René A. J. Janssen, David B. Mitzi, Edward H. Sargent,
Nature (revisão aprofundada) 488, 304-312 (2012) doi:10.1038/nature11476
[29]. Semiconductor Photochemistry And Photophysics, Vol. 10, V Ramamurthy,
Kirk S. Schanze, CRC Press, ISBN9780203912294 (2003)
[30]. Magnuson, Ann; Anderlund, Magnus; Johansson, Olof; Lindblad, Peter;
Lomoth, Reiner; Polivka, Tomas; Ott, Sascha; Stensjö, Karin; Styring,
Stenbjörn; Sundström, Villy; Hammarström, Leif (dezembro de 2009).
"Abordagens biomiméticas e microbianas para a produção de combustível solar".
Relatórios de Investigação Química 42 (12): 1899-1909.
[31]. Ponseca Jr., Carlito S.; Chábera, Pavel; Uhlig, Jens; Persson, Petter;
Sundström, Villy (agosto de 2017). "Dinâmica de electrões ultra-rápidos no Solar
Conversão de energia". Chemical Reviews 117 : 10940-11024.

Capítulo (2)
Central eléctrica fotovoltaica

2.1. Prefácio

Uma central eléctrica fotovoltaica, também conhecida como parque solar, parque solar ou central de energia solar, é um sistema de energia fotovoltaica ligado à rede em grande escala (sistema PV) concebido para o fornecimento de energia comercial. São diferentes da maioria dos sistemas solares de energia solarmontados em edifícios e de outros sistemas descentralizados , porque fornecem energia ao nível da rede eléctrica, e não a um utilizador ou utilizadores locais. A energia solar à escala dos serviços públicos é por vezes utilizada para descrever este tipo de projeto.

Parque solar Jännersdorf de 40,5 MW em Prignitz, Alemanha

Esta abordagem difere da energia solar concentrada, a outra grande tecnologia de produção de energia solar em grande escala, que utiliza o calor para acionar uma variedade de sistemas geradores convencionais. Ambas as abordagens têm as suas próprias vantagens e desvantagens, mas até à data, por uma série de razões, a tecnologia fotovoltaica tem tido uma utilização muito mais ampla. Em 2019, cerca de 97% da capacidade de energia solar em escala de utilidade pública era fotovoltaica [1, 2].

Nalguns países, a capacidade nominal das centrais fotovoltaicas é indicada em megawatt-pico (MWp), que se refere à potência máxima teórica em corrente contínua do painel solar. Noutros países, o fabricante indica a superfície e a eficiência. No entanto, o Canadá, o Japão, a Espanha e os Estados Unidos especificam frequentemente a utilização da potência nominal inferior convertida em MWAC, uma medida mais direta e comparável a outras formas de produção de energia. A maioria dos parques solares é desenvolvida a uma escala de pelo menos 1 MWp. A partir de 2018, as maiores no mundo centrais fotovoltaicas em funcionamento ultrapassaram 1 gigawatt. No final de 2019, cerca de 9 000 parques solares eram maiores do que 4 MWAC (escala de utilidade pública), com uma capacidade combinada de mais de 220 GWAC [1].

A maioria das centrais fotovoltaicas de grande escala existentes é propriedade de produtores independentes de energia, mas a participação de projectos comunitários e de empresas de serviços públicos está a aumentar [3]. Anteriormente, quase todas eram apoiadas, pelo menos em parte, por incentivos regulamentares, como tarifas de aquisição ou créditos fiscais, mas como os custos nivelados diminuíram significativamente na década de 2010 e a paridade da rede foi alcançada na maioria dos mercados, os incentivos externos não são normalmente necessários.

2.2. História

Parque Solar de Serpa, construído em Portugal em 2006.

O primeiro parque solar de 1 MWp foi construído pela Arco Solar em Lugo, perto de Hesperia, Califórnia, no final de 1982 [4], seguido em 1984 por uma instalação de 5,2 MWp em Carrizo Plain [5]. Ambas foram entretanto desactivadas (embora uma nova central, Topaz Solar Farm, tenha entrado em funcionamento em Carrizo Plain em 2015) [6]. A fase seguinte seguiu-se às revisões de 2004 [7] das tarifas de aquisição na

Alemanha [8], altura em que foi construído um volume substancial de parques solares [8].

Desde então, foram instaladas na Alemanha várias centenas de instalações com mais de 1 MWp, das quais mais de 50 com mais de 10 MWp [9]. Com a introdução de tarifas de aquisição em 2008, a Espanha tornou-se brevemente o maior mercado com cerca de 60 parques solares com mais de 10 MW [10], mas estes incentivos foram entretanto retirados [11]. Os EUA [12], a China [13], a Índia [14], a França [15], o Canadá [16], a Austrália [17] e a Itália [18], entre outros, também se tornaram mercados importantes, como mostra a lista de centrais fotovoltaicas. As maiores instalações em construção têm capacidades de centenas de MWp e algumas mais de 1 GWp [19-21].

2.3. Localização e utilização dos solos

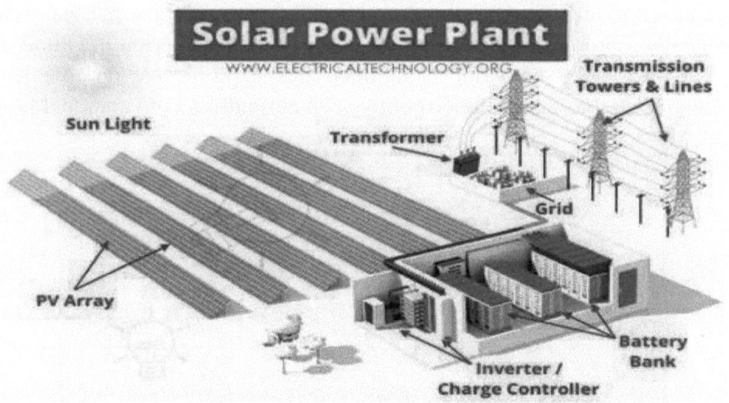

Distribuição em mosaico das centrais fotovoltaicas (PV) no paisagem do sudeste da Alemanha.

A área de terreno necessária para uma produção de energia desejada varia consoante a localização [22], a eficiência dos painéis solares [23], a inclinação do local [24] e o tipo de montagem utilizado. Os painéis solares de inclinação fixa que utilizam painéis típicos com uma eficiência de cerca de 15% [25] em locais horizontais necessitam de cerca de 1 hectare (2,5 acres)/MW nos trópicos e este valor sobe para mais de 2 hectares (4,9 acres) no Norte da Europa [22].

Devido à sombra mais longa que a matriz projecta quando inclinada num ângulo mais acentuado [26], esta área é normalmente cerca de 10%

mais elevada para uma matriz de inclinação ajustável ou um seguidor de eixo único, e 20% mais elevada para um seguidor de 2 eixos [27], embora estes valores variem em função da latitude e da topografia [28].

As melhores localizações para os parques solares, em termos de utilização do solo, são consideradas terrenos industriais abandonados ou onde não existe outra utilização valiosa do solo [29]. Mesmo em áreas cultivadas, uma proporção significativa do local de um parque solar pode também ser dedicada a outras utilizações pró-produtivas, como o cultivo de culturas [30, 31] ou a biodiversidade [32]. A alteração do albedo afecta a temperatura local. Um estudo afirma que a temperatura aumenta devido ao efeito de ilha de calor [33], e outro estudo afirma que os ambientes em ecossistemas áridos se tornam mais frios [34].

A agro-voltagem consiste em utilizar a mesma área de terreno para a produção de energia solar fotovoltaica e para a agricultura. Um estudo recente concluiu que o valor da eletricidade gerada por energia solar, associada à produção de culturas tolerantes à sombra, criou um aumento de mais de 30% no valor económico das explorações agrícolas que utilizam sistemas agrovoltaicos em vez da agricultura convencional [35].

2.4. Aterro solar

Um aterro solar é um aterro usado reutilizado que é convertido num parque solar [36].

Painéis solares num aterro sanitário cheio em Rehoboth, MA.

2.5. Co-localização

Nalguns casos, várias centrais de energia solar diferentes, com proprietários e contratantes separados, são desenvolvidas em locais adjacentes [37, 38]. Isto pode oferecer a vantagem de os projectos partilharem os custos e os riscos da infraestrutura do projeto, como as ligações à rede e a aprovação do planeamento [39, 40]. Os parques solares também podem ser co-localizados com parques eólicos [41].

Por vezes, o termo "parque solar" é utilizado para descrever um conjunto de instalações individuais de energia solar que partilham locais ou infra-estruturas [39-43] e o termo "cluster" é utilizado quando várias instalações estão localizadas nas proximidades, sem partilha de recursos [44]. Alguns exemplos de parques solares são o Parque Solar de Charanka, onde existem 17 projectos de produção diferentes; Neuhardenberg [45, 46], com onze centrais, e o parque solar de Golmud, com uma capacidade total declarada superior a 500 MW [47, 48].

Para evitar completamente a utilização do solo, em 2022, foi instalado um parque solar flutuante de 5 MW na albufeira da barragem de Alqueva, em Portugal, permitindo a combinação da energia solar e da energia hidroelétrica [49]. Por outro lado, uma empresa de engenharia alemã comprometeu-se a integrar um parque solar flutuante offshore com um parque eólico offshore para utilizar o espaço oceânico de forma mais eficiente [49]. Os projectos envolvem "hibridação", em que diferentes tecnologias de energias renováveis são combinadas num único local [49].

2.6. Parques solares no espaço

O primeiro teste bem sucedido, em janeiro de 2024, de um parque solar no espaço - recolhendo energia solar de uma célula fotovoltaica e transportando-a para a Terra - constituiu uma demonstração inicial de viabilidade concluída [50]. Estas instalações não estão limitadas pela cobertura de nuvens ou pelo ciclo do Sol [50].

2.7. Tecnologia

A maioria dos parques solares são sistemas fotovoltaicos montados no solo, também conhecidos como centrais solares de campo livre [51]. Podem ter uma inclinação fixa ou utilizar um seguidor solar de eixo único ou duplo eixo [52]. Embora o seguimento melhore o desempenho global, também aumenta o custo de instalação e manutenção do sistema [53, 54]. Um inversor solar converte a potência de saída do conjunto de CC para CA, e a ligação à rede eléctrica é feita através de um transformador trifásico de alta tensão, normalmente de 10 kV ou mais [55, 56].

2.8. Arranjos de painéis solares

Os painéis solares são os subsistemas que convertem a luz recebida em energia eléctrica [57]. São constituídos por uma multiplicidade de painéis solares, montados em estruturas de apoio e interligados para fornecer uma potência aos subsistemas electrónicos de condicionamento de energia [58]. A maioria são sistemas de campo livre que utilizam estruturas montadas no solo [51], geralmente de um dos seguintes tipos:

- **Matrizes fixas:** Muitos projectos utilizam estruturas de montagem em que os painéis solares são montados com uma inclinação fixa calculada para fornecer o perfil de produção anual ideal [52]. Os painéis estão normalmente orientados para o equador, com um ângulo de inclinação ligeiramente inferior à latitude do local [59]. Em alguns casos, dependendo do clima local, da topografia ou dos regimes de preços da eletricidade, podem ser utilizados diferentes ângulos de inclinação, ou as matrizes podem ser deslocadas do eixo normal este-oeste para favorecer a produção matinal ou nocturna [60].

  Uma variante desta conceção é a utilização de matrizes, cujo ângulo de inclinação pode ser ajustado duas ou quatro vezes por ano para otimizar a produção sazonal [52]. Também requerem mais área de terreno para reduzir o sombreamento interno no ângulo de inclinação mais acentuado no inverno [26]. Como o aumento da produção é normalmente de apenas alguns por cento, raramente se justifica o aumento do custo e da complexidade desta conceção [27].

- **Seguidores de eixo duplo:** Para maximizar a intensidade da radiação direta recebida, os painéis solares devem ser orientados na direção normal dos raios solares [61]. Para o conseguir, os painéis podem ser concebidos com recurso a rastreadores de dois eixos, capazes de seguir o sol no seu movimento diário através do céu e à medida que a sua elevação muda ao longo do ano [62].

O Parque Solar de Bellpuig, perto de Lérida, Espanha, utiliza seguidores de 2 eixos montados em postes.

- Estas matrizes têm de ser espaçadas para reduzir o sombreamento entre si à medida que o sol se move e as orientações das matrizes mudam, pelo que necessitam de mais área de terreno [63]. Requerem também mecanismos mais complexos para manter a superfície do conjunto no ângulo vermelho exigido. O aumento da produção pode ser da ordem dos 30% [64] em locais com elevados níveis de radiação direta, mas o aumento é menor em climas temperados ou com radiação difusa mais significativa, devido a condições de céu encoberto. Assim, os seguidores de duplo eixo são mais frequentemente utilizados em regiões subtropicais [63] e foram pela primeira vez instalados à escala da rede eléctrica na central de Lugo [4].

- **Seguidores de eixo único:** Uma terceira abordagem permite obter alguns dos benefícios de produção do seguimento, com uma menor penalização em termos de área de terreno e de custos de capital e de funcionamento. Trata-se de seguir o Sol numa dimensão - na sua viagem diária através do céu - mas sem o ajustar às estações do ano [65]. O ângulo do eixo é normalmente horizontal, embora alguns, como o parque solar da Base da Força Aérea de Nellis, que tem uma inclinação de 20° [66], inclinem o eixo em direção ao equador numa orientação norte-sul - efetivamente um híbrido entre o seguimento e a inclinação fixa [67].

- Os sistemas de seguimento de eixo único estão alinhados ao longo de eixos aproximadamente norte-sul [68]. Alguns utilizam ligações entre filas para que o mesmo atuador possa ajustar o ângulo de várias filas ao mesmo tempo [65].

2.9. Conversão de energia

Os painéis solares produzem eletricidade em corrente contínua (CC), pelo que os parques solares necessitam de equipamento de conversão [58] para a converter em corrente alternada (CA), que é a forma transmitida pela rede eléctrica. Esta conversão é efectuada por inversores. Para maximizar a sua eficiência, as centrais solares também variam a carga eléctrica, quer dentro dos inversores quer como unidades separadas. Estes dispositivos mantêm cada conjunto de painéis solares próximo do seu ponto de potência de pico [69].

Existem duas alternativas principais para configurar este equipamento de conversão: inversores centralizados e inversores de cadeia [70], embora nalguns casos sejam utilizados inversores micro-inversores individuais ou

[71]. Os inversores individuais permitem otimizar a saída de cada painel, e os inversores múltiplos aumentam a fiabilidade, limitando a perda de saída quando um inversor falha [72].

2.10. Inversores centralizados

Estas unidades têm uma capacidade relativamente elevada, tipicamente da ordem de 1 MW a 7 MW para as unidades mais recentes (2020) [74], pelo que condicionam a produção de um bloco sub-substancial de painéis solares, até talvez 2 hectares (4,9 acres) de área [75]

Os parques solares que utilizam inversores centralizados são frequentemente configurados em blocos rectangulares discretos, com o respetivo inversor num canto ou no centro do bloco [76-78].

Parque Solar Waldpolenz [73] dividido em blocos, cada um com um inversor centralizado.

2.11. Inversores de cordas

Os inversores de cadeia têm uma capacidade substancialmente inferior à dos inversores centrais, da ordem dos 10 kW até 250 KW para os modelos mais recentes (2020) [74, 79], e condicionam a saída de uma única cadeia de agregados. Trata-se normalmente de uma fila inteira, ou parte dela, de painéis solares numa instalação global. Os inversores de cadeia podem aumentar a eficiência dos parques solares, quando diferentes partes do conjunto estão a sofrer diferentes níveis de insolação, por exemplo, quando estão dispostas em diferentes orientações, ou muito próximas para minimizar a área do local [72].

2.12. Transformadores

Os inversores do sistema fornecem tipicamente potência de saída a tensões da ordem dos 480 VAC até 800 VAC [80, 81]. As redes eléctricas funcionam com tensões muito mais elevadas, da ordem das dezenas ou centenas de milhares de volts [82], pelo que são incorporados transformadores para fornecer a potência necessária à rede [56]. Devido ao longo tempo de espera, a Long Island Solar Farm optou por manter um transformador de reserva no local, uma vez que uma falha do transformador teria mantido a exploração solar offline durante um longo período [83, 84]

2.13. Desempenho do sistema 48

O desempenho de um parque solar depende das condições climáticas, do equipamento utilizado e da configuração do sistema. A entrada de energia primária é a irradiância global da luz no plano dos painéis solares, e esta por sua vez é uma combinação da radiação direta e difusa [85]. Em algumas regiões, a sujidade, a acumulação de poeira ou de material orgânico nos painéis solares que bloqueia a luz incidente, é um fator de perda significativo [86].

Um fator determinante da produção do sistema é a eficiência de conversão dos painéis solares, que depende, em particular, do tipo de célula solar utilizada [87]. Neste caso, haverá perdas entre a saída CC dos painéis solares e a energia CA fornecida à rede, devido a uma vasta gama de factores, como as perdas de absorção de luz, o desfasamento, a queda de tensão do cabo, as eficiências de conversão e outras perdas parasitárias [88]. Foi desenvolvido um parâmetro denominado "rácio de desempenho" [89] para avaliar o valor total destas perdas. O rácio de desempenho dá uma medida da potência de saída fornecida como uma proporção da potência CC total que os painéis solares deveriam ser capazes de fornecer nas condições climáticas ambientais. Nos parques solares modernos, o rácio de desempenho deve normalmente ser superior a 80% [90, 91].

2.14. Degradação do sistema

A produção dos primeiros sistemas fotovoltaicos diminuía até 10%/ano [5], mas em 2010 a taxa de degradação média era de 0,5%/ano, com os painéis fabricados depois de 2000 a terem uma taxa de degradação significativamente mais baixa, pelo que um sistema perderia apenas 12% do seu desempenho em 25 anos. Um sistema que utilize painéis que se degradam 4%/ano perderá 64% do seu rendimento durante o mesmo período [92]. Muitos fabricantes de painéis oferecem uma garantia de desempenho, normalmente 90% em dez anos e 80% em 25 anos. A produção de todos os painéis é normalmente garantida em mais ou menos 3% durante o primeiro ano de funcionamento [93].

2.15. O negócio do desenvolvimento de parques solares

As centrais de energia solar são desenvolvidas para fornecer eletricidade comercial à rede como alternativa a outras centrais de produção renováveis, fósseis ou nucleares [96].

O proprietário da central é um produtor de eletricidade. Atualmente, a maioria das centrais solares é propriedade de produtores independentes de energia (IPP's) [97], embora algumas sejam detidas por empresas de serviços públicos detidas porpela comunidade investidores ou [98].

Alguns destes produtores de energia desenvolvem a sua própria carteira de centrais eléctricas [99], mas a maioria dos parques solares é inicialmente concebida e construída por promotores de projectos especializados [100]. Normalmente, o promotor planeia o projeto, obtém as autorizações de planeamento e de ligação e organiza o financiamento do capital necessário [101]. Os trabalhos de construção propriamente ditos são normalmente adjudicados a um ou mais empreiteiros de engenharia, engenharia e construção (EPC) [102].

O Westmill Solar Park parque solar [94] é o maior de propriedade comunitária do mundo central de energia solar [95].

Os principais marcos no desenvolvimento de uma nova central fotovoltaica são a autorização de planeamento [103], a aprovação da ligação à rede [104], o fecho financeiro [105], a construção [106], a ligação e a entrada em funcionamento [107]. Em cada fase do processo, o promotor poderá atualizar as estimativas do desempenho e dos custos previstos da central, bem como os retornos financeiros que esta poderá proporcionar [108].

2.16. Aprovação do planeamento

As centrais fotovoltaicas ocupam pelo menos um hectare por cada megawatt de potência nominal [109, 110], pelo que requerem uma área de terreno substancial, que está sujeita a aprovação de planeamento. As hipóteses de obter autorização, bem como o tempo, custo e condições associados, variam consoante a jurisdição e a localização. Muitas aprovações de planeamento também aplicam condições sobre o tratamento do local após a estação ter sido descomissionada no futuro [81]. Durante a conceção de uma central fotovoltaica, é normalmente realizada uma avaliação profissional da saúde, segurança e ambiente, de modo a garantir que a instalação é concebida e planeada de acordo com todos os regulamentos HSE.

2.17. Ligação à rede

A disponibilidade, localidade e capacidade da ligação à rede é uma consideração importante no planeamento de um novo parque solar e pode contribuir significativamente para o custo [111].

A maioria das estações está localizada a poucos quilómetros de um ponto de ligação à rede adequado. Esta rede tem de ser capaz de absorver a produção do parque solar quando está a funcionar na sua capacidade máxima. O promotor do projeto terá normalmente de absorver o custo do fornecimento de linhas eléctricas até este ponto e de fazer a ligação; além disso, muitas vezes, os custos associados à modernização da rede, para que esta possa acomodar a produção da central [112]. Por conseguinte, as centrais de energia solar são por vezes construídas em locais de antigas centrais eléctricas a carvão para reutilizar as infra-estruturas existentes [113].

2.18. Operação e manutenção

Após a entrada em funcionamento do parque solar, o proprietário celebra normalmente um contrato com uma contraparte adequada para assegurar a exploração e a manutenção [114]

Em muitos casos, este objetivo pode ser cumprido pelo contratante original da EPC [115].

Os sistemas de estado sólido fiáveis das centrais solares exigem uma manutenção mínima, em comparação com a maquinaria rotativa [116]. Um aspeto importante do contrato de O&M será a monitorização contínua do desempenho da central e de todos os seus subsistemas primários [117], que é normalmente efectuada à distância [118]. Isto permite que o desempenho seja comparado com a produção prevista nas condições climáticas efetivamente verificadas [105]. Também fornece dados que permitem programar a retificação e a manutenção preventiva [119]. Um pequeno número de grandes parques solares utiliza um inversor separado [120, 121] ou maximiza [122] para cada painel solar, o que fornece dados de desempenho individuais que podem ser monitorizados. Noutros parques solares, as imagens térmicas são utilizadas para identificar os painéis que não funcionam e que devem ser substituídos [123].

2.19. Fornecimento de energia

As receitas de um parque solar derivam da venda de eletricidade à rede, pelo que a sua produção é medida em tempo real, com leituras da sua produção de energia fornecidas, normalmente numa base de meia hora, para equilibração e liquidação no mercado da eletricidade [124].

O rendimento é afetado pela fiabilidade do equipamento dentro da central e também pela disponibilidade da rede para a qual é exportada [125]. Alguns contratos de ligação permitem que o operador da rede de transporte reduza a produção de um parque solar, por exemplo, em alturas de baixa procura ou de elevada disponibilidade de outros geradores [126]. Alguns países prevêem, por lei, o acesso prioritário à rede [127] para os produtores de energias renováveis, como é o caso da Diretiva Energias Renováveis Europeia [128].

2.20. Economia e finanças

Nos últimos anos, a tecnologia fotovoltaica melhorou a eficiência sua de produção de eletricidade, reduziu o custo por wattde instalação , bem como o tempo de recuperação de energia EPBT).
Atingiu a paridade com a rede eléctrica na maior parte do mundo e tornou-se uma fonte de energia corrente [129-131].

medida que os custos da energia solar atingiram a paridade com a rede, os sistemas fotovoltaicos puderam oferecer energia de forma competitiva no mercado da energia. Os subsídios e incentivos, que foram necessários para estimular o mercado inicial, como se refere mais adiante, foram progressivamente substituídos por leilões [132] e concursos competitivos que conduziram a novas reduções de preços.

2.21. Custos energéticos competitivos da energia solar à escala dos serviços públicos

A melhoria da competitividade da energia solar à escala dos serviços públicos tornou-se mais visível à medida que os países e as empresas de energia introduziram leilões [133] para novas capacidades de produção. Alguns leilões são reservados a projectos solares [134], enquanto outros estão abertos a uma gama mais vasta de fontes [135]. Os preços revelados por estes leilões e concursos conduziram a preços altamente competitivos em muitas regiões. Entre os preços indicados contam-se [136-142]:

Preços competitivos da energia obtidos por centrais fotovoltaicas à escala da rede pública em leilões de energias renováveis					
Data	**País**	**Agência**	**Preço mais baixo**	**Equivalente US¢/kWh**	**Equivalente €/MWh**
2017	Arábia Saudita	Projeto de energias renováveis Gabinete de Desenvolvimento	US$17,9/MWh	1.79	16
2017	México	CENACE	US$17,7/MWh	1.77	16
2019	Índia	Solar Energy Corporation da Índia	INR 2,44/kWh	3.5	32
2019	Brasil	Agência Nacional de Energia Eléctrica	R$ 67,48/MWh	1.752	16
2020	EMIRADOS ÁRABES UNIDOS	Corporação de Energia de Abu Dhabi	AED fils 4,97/kWh	1.35	12
2020	Portugal	Direção-Geral da Energia e Geologia	0,01114 euros/kWh	1.327	12

202 0	Índia	Gujarat UrjaVikas Nigam	INR 1,99/kWh	2.69	24

2.22. Paridade da grelha

As centrais de produção de energia solar tornaram-se progressivamente mais baratas nos últimos anos, prevendo-se que esta tendência se mantenha [143]. Entretanto, a produção tradicional de eletricidade está a tornar-se progressivamente mais cara [144]. Estas tendências conduziram a um ponto de cruzamento em que o custo nivelado da energia dos parques solares, historicamente mais caros, igualou ou superou o custo da produção tradicional de eletricidade [145]. Este ponto depende da localização e de outros factores e é normalmente designado por paridade da rede [146].

Para as centrais solares comerciais, em que a eletricidade é vendida à rede de transporte de eletricidade, o custo nivelado da energia solar terá de corresponder ao preço grossista da eletricidade. Este ponto é por vezes designado "paridade da rede grossista" ou "paridade do barramento" [147].

Os preços dos sistemas fotovoltaicos instalados apresentam variações regionais, mais do que as células e painéis solares, que tendem a ser mercadorias globais. A AIE explica estas discrepâncias devido a diferenças nos "custos suaves", que incluem a aquisição de clientes, autorizações, inspeção e interligação, mão de obra de instalação e custos de financiamento [148].

2.23. Mecanismos de incentivo

Nos anos que antecederam a paridade da rede em muitas partes do mundo, as centrais de produção de energia solar necessitavam de alguma forma de incentivo financeiro para competir pelo fornecimento de eletricidade [149]. Muitos países utilizaram esses incentivos para apoiar a implantação de centrais de energia solar [150].

2.24. Tarifas de alimentação

As tarifas de alimentação são preços designados que devem ser pagos pelas empresas de serviços públicos por cada quilowatt-hora de eletricidade renovável produzida por produtores qualificados e introduzida na rede [151]. Estas tarifas representam normalmente um prémio sobre os preços de venda total da eletricidade e oferecem um fluxo de receitas garantido para ajudar o produtor de energia a financiar o projeto [152].

2.25. Normas da carteira de energias renováveis e obrigações dos fornecedores

Estas normas impõem às empresas de serviços públicos a obrigação de obterem uma parte da sua eletricidade de produtores renováveis [153]. Na maioria dos casos, não determinam qual a tecnologia a utilizar e a empresa de serviços públicos é livre de selecionar as fontes renováveis mais adequadas [154].

Há algumas excepções em que é atribuída às tecnologias solares uma parte do RPS, no que é por vezes referido como uma "reserva solar" [155].

2.26. Garantias de empréstimos e outros incentivos de capital

Alguns países e Estados adoptam incentivos financeiros menos específicos, disponíveis para uma vasta gama de investimentos em infra-estruturas, como o regime de garantia de empréstimos do Departamento de Energia dos EUA [156], que estimulou uma série de investimentos em centrais de energia solar em 2010 e 2011 [157].

2.27. Créditos fiscais e outros incentivos fiscais

Outra forma de incentivo indireto que foi utilizada para estimular o investimento em centrais de energia solar foram os créditos fiscais concedidos aos investidores. Nalguns casos, os créditos estavam ligados à energia produzida pelas instalações, como os créditos fiscais à produção [158]. Noutros casos, os créditos estavam relacionados com o investimento de capital, como os créditos fiscais ao investimento [159].

2.28. Programas internacionais, nacionais e regionais

Para além dos incentivos comerciais do mercado livre, alguns países e regiões têm programas específicos de apoio à implantação de instalações de energia solar.

A Diretiva Energias Renováveis da União Europeia[160] estabelece metas para o aumento dos níveis de implantação de energias renováveis em todos os Estados-Membros. Cada um deles foi obrigado a desenvolver um Plano de Ação Nacional para as Energias Renováveis, mostrando como esses objectivos seriam atingidos, e muitos deles têm medidas de apoio específicas para a implantação da energia solar [161]. A diretiva também permite que os Estados desenvolvam projectos fora das suas fronteiras nacionais, o que pode levar a programas bilaterais como o projeto Helios [162].

O Mecanismo de Desenvolvimento Limpo [163] da CQNUAC é um programa internacional ao abrigo do qual podem ser apoiadas centrais de produção de energia solar em determinados países elegíveis [164]. Além disso, muitos outros países têm programas específicos de desenvolvimento da energia solar. Alguns exemplos são o JNNSM da Índia [165], o Flagship Program da Austrália [166] e projectos semelhantes na África do Sul [167] e em Israel [168].

2.29. Desempenho financeiro

O desempenho financeiro da central de energia solar é uma função das suas receitas e dos seus custos [27]. A produção de eletricidade de um parque solar estará relacionada com a radiação solar, a capacidade da central e o seu rácio de desempenho [89]. O rendimento derivado desta produção eléctrica virá principalmente da venda da eletricidade [169] e de quaisquer pagamentos de incentivos, como os previstos nas tarifas de alimentação ou outros mecanismos de apoio [170].

Os preços da eletricidade podem variar a diferentes horas do dia, sendo mais elevados em períodos de grande procura [171]. Este facto pode influenciar a conceção da central para aumentar a sua produção nessas alturas [172].

Os custos dominantes das centrais de energia solar são o custo de capital e, portanto, qualquer financiamento e depreciação associados [173]. Embora os custos operacionais sejam tipicamente relativamente baixos, especialmente porque não é necessário combustível [116], a maioria dos operadores vai querer garantir uma cobertura adequada de operação e manutenção [117] para maximizar a disponibilidade da central e, assim, otimizar o rácio rendimento/custo [174].

2.30. Geografia

Os primeiros locais a atingir a paridade de rede foram aqueles com preços de eletricidade tradicionais elevados e altos níveis de radiação solar. Prevê-se que a distribuição mundial dos parques solares se altere à medida que as diferentes regiões atinjam a paridade de rede [175]. Esta transição inclui também uma mudança das instalações em telhados para as instalações à escala dos serviços públicos, uma vez que o foco da nova implantação fotovoltaica mudou da Europa para os mercados do cinturão do sol, onde os sistemas fotovoltaicos montados no solo são favorecidos [176].

Devido ao contexto económico, os sistemas de grande escala estão atualmente distribuídos onde os regimes de apoio têm sido os mais consistentes ou os mais vantajosos [177]. A capacidade total das usinas fotovoltaicas mundiais acima de 4 MWAC foi avaliada pela Wiki-Solar como c. 220 GW em c. 9.000 instalações no final de 2019 [1] e representa cerca de 35% da capacidade fotovoltaica global estimada de 633 GW, acima dos 25% em 2014 [178]. As actividades nos principais mercados são analisadas individualmente a seguir.

2.30.1. China

Em 2013, a China ultrapassou a Alemanha como a nação com a maior capacidade solar à escala de serviços públicos [179]. Grande parte deste facto tem sido apoiado pelo Mecanismo de Desenvolvimento Limpo [180]. A distribuição das centrais eléctricas pelo país é bastante ampla, com a maior concentração no deserto de Gobi [13] e ligadas à rede eléctrica do Noroeste da China [181].

2.30.2. Alemanha

A primeira central multi-megawatt na Europa foi o projeto comunitário de 4,2 MW em Hemau, que entrou em funcionamento em 2003 [182]. Mas foram as revisões das tarifas feed-in alemãs em 2004 [7] que deram o maior impulso ao estabelecimento de centrais solares à escala dos serviços públicos [183]. O primeiro a ser concluído ao abrigo deste programa foi o parque solar de Leipziger Land desenvolvido pela Geosol [184]. Entre 2004 e 2011, foram construídas várias dezenas de centrais, algumas das quais eram, na altura, as maiores do mundo. A EEG, a lei que estabelece as tarifas feed-in da Alemanha, fornece a base legislativa não só para os níveis de compensação, mas também para outros factores regulamentares, como o acesso prioritário à rede [127]. A lei foi alterada em 2010 para restringir a utilização de terrenos agrícolas [185] e, desde então, a maioria dos parques solares tem sido construída nos chamados "terrenos de desenvolvimento", como antigas instalações militares [45]. Em parte por esta razão, a distribuição geográfica das centrais fotovoltaicas na Alemanha [9] é tendenciosa para a antiga Alemanha de Leste [186, 187].

2.30.3. Índia

O Parque Solar de Bhadla é o maior parque solar do mundo, localizado na Índia.

A Índia tem estado a subir na hierarquia dos países que lideram a instalação de capacidade solar à escala da utilidade pública. O Parque Solar Charanka, em Gujarat, foi oficialmente inaugurado em abril de 2012 [188] e era, na altura, o maior grupo de centrais de energia solar do mundo. Geograficamente, os Estados com maior capacidade instalada são Telangana, Rajasthan e Andhra Pradesh, com mais de 2 GW de capacidade instalada de energia solar cada um [189]. Rajasthan e Gujarat partilham o deserto de Thar, juntamente com o Paquistão. Em maio de 2018, o Parque Solar de Pavagada tornou-se funcional e tinha uma capacidade de produção de 2 GW. A partir de fevereiro de 2020, será o maior parque solar do mundo [190, 191]. Em setembro de 2018, a Acme Solar anunciou que tinha colocado em funcionamento a central de energia solar mais barata da Índia, o parque de energia solar Rajasthan Bhadla, de 200 MW [192].

2.30.4. Itália

A Itália possui um grande número de centrais fotovoltaicas, a maior das quais é o projeto Montalto di Castro, de 84 MW [193].

2.30.5. Jordânia

No final de 2017, foi comunicado que tinham sido concluídos mais de 732 MW de projectos de energia solar, que contribuíram para 7% da eletricidade da Jordânia [194]. Depois de ter inicialmente fixado a percentagem de energia renovável que a Jordânia pretendia produzir até 2020 em 10%, o governo anunciou em 2018 que pretendia ultrapassar esse valor e apontar para 20% [195].

2.30.6. Espanha

A maior parte da implantação de centrais de energia solar em Espanha até à data ocorreu durante o boom do mercado de 2007-8 [196]. As centrais estão bem distribuídas pelo país, com alguma concentração na Extremadura, Castela-La Mancha e Múrcia [10].

2.30.7. Estados Unidos

A implantação de centrais fotovoltaicas nos EUA está largamente concentrada nos estados do sudoeste [12]. As Renewable Portfolio Standards na Califórnia [198] e nos estados vizinhos [199, 200] constituem um incentivo especial.

Localizações de instalações solares fotovoltaicas com uma capacidade de corrente contínua igual ou superior a 1 megawatt[197].

2.31. Referências

[1]. Wolfe, Philip (17 de março de 2020). "Energia solar em escala de utilidade pública estabelece novo recorde" (PDF).
Wiki-Solar. Recuperado em 11 de maio de 2010.

[2]. "A energia solar concentrada tinha uma capacidade de 6 451 MW em 2019".
HelioCSP. 2 de fevereiro de 2020. Recuperado em 11 de maio de 2020.

[3]. "Expanding Renewable Energy in Pakistan's Electricity Mix". Banco Mundial.
Recuperado em 17 de julho de 2022.

[4]. Arnett, J.C.; Schaffer, L. A.; Rumberg, J. P.; Tolbert, R. E. L.; et al. (1984).
"Conceção, instalação e desempenho do sistema ARCO Solar de um megawatt
central eléctrica". Actas da Quinta Conferência Internacional, Atenas,
Grécia. Conferência da CE sobre Energia Solar Fotovoltaica: 314.

[5]. Wenger, H.J.; et al. "Decline of the Carrisa Plains PV power plant" (Declínio da central fotovoltaica de Carrisa Plains). Foto-
Conferência de Especialistas em Energia Voltaica, 1991, Registo da Conferência dos Vinte
Segundo IEEE. IEEE. doi:10.1109/PVSC.1991.169280. S2CID 120166422.

[6]. "Topaz Solar Farm, Califórnia". earthobservatory.nasa.gov. 5 de março de 2015.
Recuperado em 11 de outubro de 2022.
[7]. "Lei das fontes de energia renováveis". Bundesgesetzblatt 2004 I No. 40.
Bundesumweltministerium (BMU). 21 de julho de 2004. Recuperado em 13 de abril de 2013
[8]. "As 10 maiores centrais de energia solar fotovoltaica". SolarLab. 4 de agosto de 2023. Recuperado em 9
agosto de 2023.
[9]. "Mapa de parques solares - Alemanha". Wiki-Solar. Recuperado em 22 de março de 2018.
[10]. "Mapa de parques solares - Espanha". Wiki-Solar. Recuperado em 22 de março de 2018.
[11]. "An Early Focus on Solar". National Geographic. Recuperado em 22 de março de 2018
Recuperado em 5 de março de 2015
[12]. "Mapa de parques solares - EUA". Wiki-Solar. Recuperado em 22 de março de 2018.
[13]. "Mapa de parques solares - China". Wiki-Solar. Recuperado em 22 de março de 2018.
[14]. "Mapa dos parques solares - Índia". Wiki-Solar. Recuperado em 22 de março de 2018.
[15]. "Mapa dos parques solares - França". Wiki-Solar. Recuperado em 22 de março de 2018.
[16]. "Mapa de parques solares - Canadá". Wiki-Solar. Recuperado em 22 de março de 2018.
[17]. "Mapa de parques solares - Austrália". Wiki-Solar. Recuperado em 22 de março de 2018.
[18]. "Mapa de parques solares - Itália". Wiki-Solar. Recuperado em 22 de março de 2018.
[19]. "Parque solar Topaz". First Solar. Arquivado do original em 5 de março
2013. Recuperado em 2 de março de 2013.
[20]. Olson, Syanne (2012). "Dubai se prepara para um parque solar de 1.000 MW". PV-Tech.
Recuperado em 21 de fevereiro de 2012.
[21]. "MX Group Spa assina um acordo de 1,75 mil milhões de euros para um parque solar no mundo".
Recuperado em 6 de março de 2012.
[22]. "Estatísticas sobre locais selecionados para parques solares à escala de serviços públicos". Wiki-Solar.
Recuperado em 5 de março de 2015.

[23]. Joshi, Amruta.
"Estimativa da produção de energia por unidade de área a partir de módulos solares fotovoltaicos ". Nacional
Centro de Investigação e Educação Fotovoltaica. Recuperado em 5 de março de 2013.
[24]. "Seleção de locais para potencial solar fotovoltaico" (PDF). Árvore de decisão solar. EUA
Agência de Proteção do Ambiente. Recuperado em 5 de março de 2013.
[25]. "Uma visão geral dos painéis fotovoltaicos". SolarJuice. Arquivado do original em 30
abril de 2015. Recuperado em 5 de março de 2013.
[26]. "Cálculo do espaçamento entre linhas" (PDF). Perguntas e respostas técnicas.
Revista Solar Pro. Arquivado do original (PDF) em 21 de outubro de 2012.
Recuperado em 5 de março de 2013.
[27]. Wolfe, Philip (2012).
Solar Photovoltaic Projects in the Mainstream Power Market. Oxford:
Routledge. p. 240. ISBN 978-0-415-52048-5.
[28]. "Radiação solar numa superfície inclinada". PVEducation.org. Recuperado em 22
abril de 2013.
[29]. "Parques solares: maximizar os benefícios ambientais". Natural England.
Recuperado em 30 de agosto de 2012.
[30]. "O Parque Solar do Condado de Person faz o melhor uso da energia solar e das ovelhas".
Energia solar. Recuperado em 22 de abril de 2013.
[31]. "Parque Solar do Condado de Pessoa Um". Carolina Solar Energy. Recuperado em 22
abril de 2013.
[32]. "Parques solares - Oportunidades para a biodiversidade". Energias renováveis alemãs
Agência. Arquivado do original em 1 de julho de 2013. Recuperado em 22 de abril de 2013
[33]. Barron-Gafford, Greg A.; Minor, Rebecca L.; Allen, Nathan A.; Cronin,
Alex D.; Brooks, Adria E.; Pavao-Zuckerman, Mitchell A. (2016).
"O efeito de ilha de calor fotovoltaico: Larger solar local temperatures".

Relatórios Científicos. 6 (1): 35070. Bibcode:2016NatSR...635070B
[34]. Guoqing, Li; Hernandez, Rebecca R; Blackburn, George Alan; Davies,
Gemma; Hunt, Merryn; Whyatt, James Duncan; Armstrong, A. (2021).
"Parques solares fotovoltaicos montados no solo ilhas em ecossistemas áridos".
Transição para as energias renováveis e sustentáveis. 1: 100008
[35]. Harshavardhan Dinesh, Joshua M. Pearce,
The potential of agrivoltaic systems, Renewable and Sustainable Energy
Reviews, 54, 299-308 (2016).
[36]. "U.S. Landfills Are Getting a Second Life as Solar Farms" [Os aterros sanitários dos EUA estão a ganhar uma segunda vida como quintas solares]. 2 de junho de 2022.
[37]. Wolfe, Philip. "As maiores centrais de energia solar do mundo" (PDF). Wiki-Solar.
Recuperado em 11 de maio de 2020.
[38]. "Adenda à autorização de utilização condicional" (PDF). Planeamento e
Serviço de desenvolvimento comunitário. Arquivado em 3 de fevereiro de 2016.
Recuperado em 22 de abril de 2013.
[39]. Wolfe, Philip. "Os maiores parques solares do mundo" (PDF). Wiki-Solar.
Recuperado em 11 de maio de 2020.
[40]. "Smart Grid transmission scheme for Evacuation of Solar Power".
Workshop sobre o desenvolvimento de redes inteligentes. Petróleo Pandit Deendayal
Universidade. Recuperado em 5 de março de 2013.
[41]. "Portfólio solar fotovoltaico da E.ON". E.On. Arquivado em 7 de março de 2013.
Recuperado em 22 de abril de 2013.
[42]. "Parques solares: maximizar os benefícios ambientais". Natural England.
Recuperado em 22 de abril de 2013.
[43]. "Primeiro parque solar definido para Upington, Northern Cape". Mercado fronteiriço
Inteligência. Recuperado em 22 de abril de 2013.
[44]. Wolfe, Philip. "Grandes grupos de centrais de energia solar" (PDF). Wiki-Solar.
Recuperado em 11 de maio de 2020.

[45]. "ENFO entwickeltgrößtesSolarprojektDeutschlands". Enfo AG.
Recuperado em 28 de dezembro de 2012.
[46]. "SolarparkNeuhardenberg - planta do sítio". Wiki-Solar. Recuperado em 22
março de 2018.
[47]. "Qinghai lidera em energia fotovoltaica". China Daily. 2 de março de 2012.
Recuperado em 21 de fevereiro de 2013.
[48]. "Parque Solar do Deserto de Golmud - vista de satélite". Wiki-Solar. Recuperado em 22
março de 2018.
[49]. Frangoul, Anmar (22 de julho de 2022).
"Um projeto-piloto no Mar do Norte irá desenvolver ondas flutuantes 'como um tapete'".
CNBC. Arquivado do original em 22 de julho de 2022.
[50]. Cuthbertson, Anthony (18 de janeiro de 2024).
"A primeira missão de energia solar do espaço para a Terra é um sucesso".
O Independente. Arquivado do original em 19 de janeiro de 2024.
[51]. OpenPR. 20 de abril de 2011. Recuperado em 5 de março de 2013.
[52]. "Optimum Tilt of Solar Panels" [Inclinação óptima dos painéis solares]. Laboratório MACS. Recuperado em 19 de outubro de 2014.
[53]. "Tracked vs Fixed: Comparação do custo do sistema fotovoltaico e da produção de eletricidade CA".
WattSun. Arquivado do original (PDF) em 22 de novembro de 2010.
Recuperado em 30 de agosto de 2012.
[54]. "Seguir ou não seguir o rasto, Parte II". Relatório Snapshot. Greentech Solar.
Recuperado em 5 de março de 2013.
[55]. "Transformador trifásico" (PDF). Conergy. Arquivado em 17 de janeiro de 2022.
Recuperado em 5 de março de 2013.
[56]. "Parque Solar Popua". Meridian Energy. Arquivado em 16 de junho de 2019.
Recuperado em 22 de abril de 2013.
[57]. "Células solares e matrizes fotovoltaicas". Fotovoltaica. Energia alternativa
Notícias. Recuperado em 5 de março de 2013.
[58]. Kymakis, Emmanuel; et al.
"Análise do desempenho de um parque fotovoltaico ligado à rede na ilha de Creta".

Elsevier. Arquivado em 17 de abril de 2012. Recuperado em 30 de dezembro de 2012.
[59]. "Montagem de painéis solares". 24 volts. Recuperado em 5 de março de 2013.
[60]. "Guia de boas práticas para a energia fotovoltaica (PV)" (PDF). Energia Sustentável
Autoridade da Irlanda. Arquivado do original (PDF) em 24 de março de 2012.
Recuperado em 30 de dezembro de 2012.
[61]. "Eficiência de conversão de energia fotovoltaica". Energia Solar. Solarlux. Recuperado em 5
março de 2013.
[62]. Mousazadeh, Hossain; et al.
"Uma revisão dos métodos de princípio e de seguimento do sol para maximizar".
Renewable and Sustainable Energy Reviews 13 (2009) 1800-1818.
Elsevier. Recuperado em 30 de dezembro de 2012.
[63]. Appleyard, David (junho de 2009). "Seguidores solares: De frente para o sol".
Mundo das energias renováveis. Recuperado em 5 de março de 2013.
[64]. Suri, Marcel; et al.
"Produção de eletricidade solar Módulos fotovoltaicos c-Si de seguimento do sol em".
Actas da 1ª Conferência de Energia Solar da África Austral (SASEC)
2012), 21-23 de maio de 2012, Stellenbosch, África do Sul. GeoModel Solar,
Bratislava, Eslováquia. Arquivado do original (PDF) em 8 de março de 2014.
Recuperado em 30 de dezembro de 2012.
[65]. Shingleton, J.
"Seguidores de um eixo - Fiabilidade e durabilidade melhoradas, Redução de custos".
Laboratório Nacional de Energias Renováveis. Recuperado em 30 de dezembro de 2012.
[66]. "Sistema de energia solar da Base Aérea de Nellis" (PDF). Força Aérea dos EUA. Arquivado
do original (PDF) em 24 de janeiro de 2013. Recuperado em 14 de abril de 2013.
[67]. "T20 Tracker" (PDF). Folha de dados. SunPower Corporation. Recuperado em 14
abril de 2013.

[68]. Li, Zhimin; et al. (junho de 2010).
"Desempenho ótico de painéis inclinados de eixo único sul-norte". Energia. 10 (6): 2511-2516.
[69]. "Inverta o seu pensamento: Como obter mais energia dos seus painéis solares".
scientificamerican.com. Recuperado em 9 de junho de 2011.
[70]. "Compreender as estratégias do inversor". Solar Novus Today. Recuperado em 13
abril de 2013.
[71]. "Micro-inversores fotovoltaicos". SolarServer. Recuperado em 13 de abril de 2013.
[72]. "Estudo de caso: Parque solar alemão opta por controlo descentralizado". Solar
Novus. Recuperado em 13 de abril de 2013.
[73]. "Parque Solar Waldpolenz". Juwi. Arquivado do original em 3 de março
2016. Recuperado em 13 de abril de 2012.
[74]. Lee, Leesa (2 de março de 2010). "A tecnologia do inversor reduz os custos da energia solar".
Mundo das energias renováveis. Recuperado em 30 de dezembro de 2012.
[75]. "Folha de factos sobre parques solares" (PDF). IEEE. Recuperado em 13 de abril de 2012.
[76]. "Parque solar de Sandringham" (PDF). Invenergy. Arquivado em 3 de fevereiro de 2016.
Recuperado em 13 de abril de 2012.
[77]. "Parque solar McHenry" (PDF). ESA. Recuperado em 13 de abril de 2013
[78]. "Parque solar de Woodville" (PDF). Dillon Consulting Limited. Arquivado
do original (PDF) em 3 de fevereiro de 2016. Recuperado em 13 de abril de 2013.
[79]. Appleyard, David. "Making waves: Os inversores continuam a aumentar a eficiência".
Mundo das energias renováveis. Arquivado em 1 de fevereiro de 2013. Recuperado em 13
abril de 2013.
[80]. "Inversor Solar Brilliance de 1 MW". General Electric Company. Arquivado
do original em 15 de abril de 2013. Recuperado em 13 de abril de 2013.
[81]. "Aspectos de planeamento dos parques solares" (PDF). Ownergy Plc. Arquivado em 14 de maio

2014. Recuperado em 13 de abril de 2013.
[82]. Larsson, Mats. "Controlo coordenado da tensão" (PDF). International Energy
Agência. Recuperado em 13 de abril de 2013.
[82]. "Fazenda solar de Long Island entra em operação!". Blue Oak Energy. Recuperado em 22
abril de 2013. Recuperado em 13 de abril de 2013
[84]. "Análise de falhas de transformadores". BPL Global. Recuperado em 22
abril de 2013. Recuperado em 13 de abril de 2013
[85]. Myers, D R (setembro de 2003).
"Modelação e medições da radiação solar para a qualidade do modelo".
Actas da Conferência Internacional de Peritos em Modelação Matemática
de radiação solar e luz do dia. Recuperado em 30 de dezembro de 2012.
[86]. Ilse K, Micheli L, Figgis BW, Lange K, Dassler D, Hanifi H, Wolfertstetter
F, Naumann V, Hagendorf C, Gottschalg R, Bagdahn J (2019).
"Avaliação técnico-económica das perdas por sujidade na produção de eletricidade".
Joule. 3 (10): 2303-2321.
[87]. Green, Martin; Emery, Keith; Hishikawa, Yoshihiro & Warta, Wilhelm
(2009). "Tabelas de eficiência de células solares" (PDF). Progresso em Fotovoltaica:
Investigação e aplicações. 17: 85-94. Arquivado em 11 de junho de 2012.
Recuperado em 30 de dezembro de 2012.
[88]. Picault, D; Raison, B.; Bacha, S.; de la Casa, J.; Aguilera, J. (2010).
"Previsão da produção de energia fotovoltaica sujeita a perdas por desfasamento".
Energia Solar. 84 (7): 1301-1309. Arquivado em 27 de março de 2014. Recuperado em 5
março de 2013.
[89]. Marion, B (); et "Performance Parameters for Grid-Connected PV Systems".
NREL. Recuperado em 30 de agosto de 2012.
[90]. "O poder da energia fotovoltaica - estudos de caso sobre parques solares no Leste".
Processo Renexpo. CSun. Arquivado do original (PDF) em 8 de abril

2022. Recuperado em 5 de março de 2013.
[91]. "Avenal em ascendência: Um olhar mais atento à central fotovoltaica de película fina".
PV-Tech. Arquivado do original em 22 de fevereiro de 2015. Recuperado em 22
abril de 2013.
[92]. "Comparação da degradação fotovoltaica no exterior". National Renewable Energy
Laboratório. Recuperado em 22 de abril de 2013. Recuperado em 13 de abril de 2013
[93]. "Nova garantia líder no sector". Grupo REC. Recuperado em 22 de abril de 2013.
Recuperado em 13 de abril de 2013
[94]. "Westmill Solar Park". Westmill Solar Co-operative Ltd. Recuperado em 30
dezembro de 2012.
[95]. Grover, Sami.
"O maior projeto solar de propriedade comunitária do mundo é lançado em Inglaterra".
Treehugger. Recuperado em 30 de dezembro de 2012.
[96]. "Energia Alternativa". Energia Alternativa. Recuperado em 7 de março de 2013.
[97]. "produtor independente de energia (IPP), gerador não utilitário (NUG)".
Dicionário. Vórtice de energia. Recuperado em 30 de dezembro de 2012.
[98]. "Utilidade pública de propriedade do investidor". O Dicionário Livre. Recuperado em 30
dezembro de 2012.
[99]. "Proprietários e IPPs". Implantação de parques solares à escala dos serviços públicos por empresa.
Wiki-Solar. Recuperado em 5 de março de 2015.
[100]. Wang, Ucilia (2012). "O campo lotado do desenvolvimento de projectos solares".
Mundo das energias renováveis. Recuperado em 30 de dezembro de 2012.
[101]. "Liderança em toda a cadeia de valor". First Solar. Recuperado em 7
março de 2013.
[102]. Englander, Daniel (2009). "Os novos jogadores importantes da Solar". Seeking Alpha.
Recuperado em 30 de dezembro de 2012.

[103]. "Fazenda solar em 20 acres de terra Kauai recebe aprovação da comissão de planejamento".
Solar Hawaii. 15 de julho de 2011. Recuperado em 7 de março de 2013.
[104]. "Aylesford - Certificado de ligação à rede". Parque Solar de Aylesford. AG
Energias renováveis. Recuperado em 7 de março de 2013.
[105]. "SunEdison fecha R2,6 mil milhões Projectos solares na África do Sul".
SunEdison. Recuperado em 7 de março de 2013.
[106]. "juwi inicia a construção do seu primeiro parque solar na África do Sul". Energia Renovável
Em foco. 19 de fevereiro de 2013. Recuperado em 7 de março de 2013.
[107]. "Maior parque solar da Arábia Saudita comissionado". Voz Islâmica. 15
fevereiro de 2013. Recuperado em 7 de março de 2013.
[108]. "Parques solares de grande dimensão". Conheça o seu planeta. Recuperado em 7 de março de 2013.
[109]. Chiu, Allyson; Guskin, Emily; Clement, Scott (2023).
"Os americanos não odeiam viver perto de parques solares e eólicos como se poderia pensar".
The Washington Post. Arquivado do original em 3 de outubro de 2023.
[110]. "Estatísticas sobre alguns mercados selecionados para parques solares à escala de serviços públicos". Wiki-
Solar. Recuperado em 30 de dezembro de 2012.
[111]. "Τα "κομμάτια του πάζλ" μιας επένδυσηςσε Φ/Β". Energia fotovoltaica grega
Guia. Renelux. Recuperado em 30 de dezembro de 2012.
[112]. "Ligar a rede eléctrica da sua nova casa, edifício ou empreendimento".
Ausgrid. Recuperado em 30 de dezembro de 2012.
[113]. "A mudança para a energia solar nas centrais eléctricas e minas de carvão está em curso".
dpfacilities.com. Recuperado em 17 de novembro de 2021.
[114]. McHale, Maureen. "Nem todos os acordos de O&M são iguais". InterPV.
Recuperado em 30 de dezembro de 2012.
[115]. "Visão geral do projeto". Projeto Solar Agua Caliente. First Solar. Recuperado em 7
março de 2013.

[116]. "Vantagens da energia solar". Conservar o futuro da energia. 20 de janeiro de 2013.
Recuperado em 7 de março de 2013.
[117]. "Addressing Solar Photovoltaic Operations and Maintenance Challenges".
Um levantamento dos conhecimentos e práticas actuais. Investigação em Energia Eléctrica
Institute (EPRI). Recuperado em 30 de dezembro de 2012.
[118]. "TI para gestão de fontes de energia renováveis" (PDF). inAccess Networks.
Recuperado em 7 de março de 2013.
[119]. "Manutenção do parque solar". BeBa Energy. Recuperado em 7 de março de 2013.
[120]. "Conjunto em destaque: Brewster Community Solar Garden® Facility".
Recuperado em 3 de maio de 2013.
[121]. "Matriz em destaque: Ranchos de Estirpe". Recuperado em 3 de maio de 2013.
[122]. "Talmage Solar Engineering, Inc. O maior conjunto inteligente da América do Norte".
31 de julho de 2012. Recuperado em 3 de maio de 2013.
[123]. "Usinas fotovoltaicas 2012" (PDF). p. 35. Recuperado em 3 de maio de 2013.
[124]. "Introdução ao Código de Equilíbrio e Liquidação". Elexon. Recuperado em 30
dezembro de 2012.
[125]. Mitavachan, H.; et al.
Study of 3-MW scale grid-connected PV-power plant at Kolar, Karnataka".
Sistemas de energia renovável. Instituto Indiano de Ciência.
[126]. "Electricity network delivery and access". Departamento de Energia e
Alterações climáticas. Recuperado em 7 de março de 2013.
[127]. "Eletricidade renovável". Conselho Europeu das Energias Renováveis. Recuperado em 31
julho de 2012.
[128]. Comissão Europeia. 23 de abril de 2009. Recuperado em 7 de março de 2013.
[129]. "2014 Outlook: Que comece a segunda corrida ao ouro" (PDF). Deutsche Bank
Estudos de mercado. 6 de janeiro de 2014. Arquivado (PDF) do original em 29
novembro de 2014. Recuperado em 22 de novembro de 2014.

[130]. Giles Parkinson (13 de agosto de 2014).
"Citigroup: As perspectivas para a energia solar a nível mundial estão a tornar-se mais animadoras". RenewEconomy.
Recuperado em 18 de agosto de 2014.
[131]. "The Evolution of PV: A Path to Grid Parity and Mainstream Adoption".
5 de março de 2024.
[132]. Agência Internacional para as Energias Renováveis (junho de 2019).
"Leilões de energias renováveis e tendências para além do preço" (PDF): 32.
Recuperado em 8 de janeiro de 2021. {{cite journal}}: Citar revista.
[133]. Banco Mundial (2014). "Desempenho dos leilões de energia renovável" (PDF):
39. Recuperado em 8 de janeiro de 2021. {{cite journal}}.
[134]. Dezem, Vanessa (31 de outubro de 2014).
"Leilão de energia solar no Brasil pode estimular US$ 1 bilhão em investimentos".
Mundo das energias renováveis. Bloomberg. Recuperado em 8 de janeiro de 2021.
[135]. Gorey, Colm (11 de setembro de 2020).
"160 turbinas eólicas e 1750 hectares de energia solar aprovados no 1º leilão estatal".
República do Silício. Recuperado em 8 de janeiro de 2021.
[136]. "A Arábia Saudita estabelece o preço PV mais baixo de sempre; a AIE aumenta as perspectivas solares em um terço".
Reuters. 11 de outubro de 2017. Recuperado em 8 de janeiro de 2021.
[137]. "México estabelece o preço mais baixo do mundo; armazenamento de energia atingirá 125 GW até 2030".
Reuters. 22 de novembro de 2017. Recuperado em 8 de janeiro de 2021.
[138]. "Leilão solar do Rajastão obtém preço da eletricidade de apenas 3,5 cêntimos de dólar".
IndústriaSobre. 5 de março de 2019. Recuperado em 8 de janeiro de 2021.
[139]. "Brasil registra novo recorde mundial de preço baixo para energia solar". Negócios Verdes.
2 de julho de 2019. Recuperado em 8 de janeiro de 2021.
[140]. Ombello, Carlo (8 de julho de 2020).
"1,35 cêntimos/kWh: A oferta recorde de energia solar de Abu Dhabi é um sucesso para os especialistas em combustíveis fósseis".
CleanTechnica. Recuperado em 8 de janeiro de 2021.

[141]. Shahan, Zachary (30 de agosto de 2020). "Novo recorde de preço solar baixo - 1,3¢/kWh". CleanTechnica. Recuperado em 8 de janeiro de 2021.
[142]. "Indian PV auction delivers final record low price of $0.0269/kWh". Foco
Technica. 22 de dezembro de 2020. Recuperado em 8 de janeiro de 2021.
[143]. Aaron (23 de novembro de 2012). "Painéis solares cada vez mais baratos". Evo
Energia. Recuperado em 13 de janeiro de 2015.
[144]. Jago, Simon (6 de março de 2013). "Preços indo em uma direção". Notícias em direto sobre energia.
Recuperado em 7 de março de 2013.
[145]. Burkart, K. "5 breakthroughs that will make solar power cheaper than coal".
Rede Mãe Natureza. Recuperado em 7 de março de 2013.
[146]. Spross, Jeff. Climate Progress. Recuperado em 22 de abril de 2013.
[147]. Morgan Baziliana; et al. (17 de maio de 2012).
Re-considerar a economia da energia fotovoltaica. UN-Energy (Relatório).
Nações Unidas. Arquivado do original em 16 de maio de 2016. Recuperado em 20
novembro de 2012.
[148]. "Technology Roadmap: Energia Solar Fotovoltaica" (PDF). AIE. 2014.
Arquivado do original em 1 de outubro de 2014. Recuperado em 7 de outubro de 2014.
[149]. Wolfe, Philip (19 de maio de 2009). "Prioridades para a transição de baixo carbono". O
política das alterações climáticas. The Policy Network. Recuperado em 7 de março de 2013.
[150]. "Impostos e incentivos para as energias renováveis" (PDF). KPMG. Recuperado em 7
março de 2013.
[151]. "Policymaker's Guide to Feed-in Tariff Policy Design". National Renewable
Laboratório de Energia. Recuperado em 22 de abril de 2013. Couture, T., Cory, K.,
Kreycik, C., Williams, E., (2010). Laboratório Nacional de Energias Renováveis,
Departamento de Energia dos EUA
[152]. "What are Feed-in Tariffs". Feed-in Tariffs Limited. Recuperado em 7

março de 2013.
[153]. "Race to the Top: The Expanding Role of U.S. Renewable Standards".
Universidade de Michigan. Recuperado em 22 de abril de 2013.
[154]. "Investment in electricity generation-the role of costs, incentives and risks".
Centro de Investigação Energética do Reino Unido. Recuperado em 7 de março de 2013.
[155]. "Exclusões solares em padrões de portfólio de renováveis". Dsire Solar.
Arquivado em 21 de outubro de 2012. Recuperado em 30 de dezembro de 2012.
[156]. "Programa de Garantia de Empréstimos para Tecnologias Inovadoras" (PDF). Empréstimo do DOE dos EUA
Gabinete do Programa de Garantia (LGPO). Recuperado em 21 de fevereiro de 2012.
[157]. "Independente: O programa de garantia de empréstimos do DOE funcionou, pode ser melhor".
GreenTech Media. Recuperado em 7 de março de 2013.
[158]. "Crédito fiscal à produção de energias renováveis". União dos interessados
Cientistas. Recuperado em 30 de agosto de 2012.
[159]. "Crédito fiscal ao investimento em energia para empresas (ITC)". Departamento de Energia dos EUA.
Recuperado em 21 de fevereiro de 2012.
[160]. "Diretiva 2009/28/CE do Parlamento Europeu e do Conselho".
Diretiva relativa às energias renováveis. Comissão Europeia.
[161]. Ragwitz; et al. "Assessment of National Renewable Energy Action Plans".
REPAP 2020. FraunhoferInstitut. Recuperado em 7 de março de 2013.
[162]. Williams, Andrew (2011). "Projeto Helios: Um futuro mais risonho para a Grécia?".
Solar Novus Today. Recuperado em 7 de março de 2013.
[163]. "Mecanismo de Desenvolvimento Limpo (MDL)". UNFCCC. Recuperado em 30
dezembro de 2012.
[164]. "Projectos MDL agrupados em tipos". Centro de Risø do PNUA. Recuperado em 7
março de 2013.
[165]. Ministério das Energias Novas e Renováveis.
"Missão Solar Nacional Jawaharlal Nehru". Documentos relativos ao regime.

Governo da Índia. Arquivado do original em 31 de janeiro de 2018. Recuperado em 30 de dezembro de 2012.
[166]. Ministério dos Recursos, da Energia e do Turismo (11 de dezembro de 2009).
"Programa Solar Flagships aberto para negócios". Governo da Austrália.
Recuperado em 30 de dezembro de 2012.
[167]. "África do Sul: Energia renovável trará R47 bilhões em investimentos".
allAfrica.com. 29 de outubro de 2012. Recuperado em 30 de dezembro de 2012.
[168]. "Energia Solar". Ministério da Energia e Recursos Hídricos. Recuperado em 30
dezembro de 2012.
[169]. "Investimento em parques solares". Solar Partner. Recuperado em 7 de março de 2013.
[170]. "Propriedade comunitária". FAQs. Cooperativa Solar de Westmill. Recuperado em 7
março de 2013.
[171]. "O que são tarifas de tempo de utilização e como funcionam?". Pacific Gas and
Elétrico. Arquivado do original em 2 de fevereiro de 2014. Recuperado em 7
março de 2013.
[172]. "Orientação óptima de painéis solares para taxas de tempo de utilização". Laboratório Macs.
Recuperado em 22 de abril de 2013.
[173]. "A estrutura de financiamento óptima". Green Rhino Energy. Recuperado em 7
março de 2013.
[174]. Belfiore, Francesco.
"A otimização da O&M das centrais fotovoltaicas requer uma atenção especial ao ciclo de vida do projeto".
Mundo das energias renováveis. Recuperado em 7 de março de 2013.
[175]. "Solar Photovoltaics competingr - On the road to competitiveness".
Associação Europeia da Indústria Fotovoltaica. Recuperado em 13 de abril de 2013.
[176]. "Perspectivas do mercado global para energia fotovoltaica 2014-2018" (PDF). epia.org.
EPIA - Associação Europeia da Indústria Fotovoltaica. Arquivado em 25 de junho
2014. Recuperado em 12 de junho de 2014.

[177]. "Renewable Power, Policy, and the Cost of Capital". PNUA/BASE Iniciativa para o financiamento da energia sustentável. Recuperado em 22 de abril de 2013. Recuperado 13 de abril de 2013
[178]. "A energia solar em escala de utilidade pública bate todos os recordes em 2014, atingindo 36 GW" (PDF). wiki- solar.org. Wiki-Solar.
[179]. Hill, Joshua (22 de fevereiro de 2013). "Capacidade de parque solar gigante duplica em 12 meses, ultrapassando os 12 GW". Clean Technica. Recuperado em 7 de março de 2013.
[180]. "Pesquisa de projectos". MDL: Actividades de projeto. UNFCCC. Recuperado em 7 março de 2013.
[181]. "Northwest China Grid Company Limited". Rede do Noroeste da China Empresa limitada. Recuperado em 22 de abril de 2013.
[182]. "In Hemauliefert der weltweitgrößteSolarparkumweltfreundlichen Sonne". StadtHemau. Recuperado em 13 de abril de 2013.
[183]. "O melhor dos dois mundos: e se a instalação alemã fosse a melhor em termos de recursos solares?". Laboratório Nacional de Energias Renováveis. Recuperado em 22 de abril de 2013. Recuperado 13 de abril de 2013
[184]. "Projeto Leipziger Land" (PDF). Geosol. Recuperado em 13 de abril de 2013.
[185]. Olson, Syanne (14 de janeiro de 2011). "IBC Solar completa ligação à rede para parque solar alemão de 13,8MW". PV-Tech. Recuperado em 7 de março de 2013.
[186]. "O futuro solarengo da Alemanha de Leste". Michael Dumiak. Revista Fortune. 22 maio de 2007. Recuperado em 15 de janeiro de 2018.
[187]. "Financiamento fotovoltaico alemão no ar novamente". SolarBuzz. Recuperado em 22 abril de 2013. Recuperado em 13 de abril de 2013
[188]. "Inauguração do Parque Solar de Gujarat em Charanka, Gujarat". Indian Solar Cimeira. 19 de abril de 2012. Arquivado do original em 25 de junho de 2012. Recuperado em 7 de março de 2013.

[189]. "Capacidade de energia solar instalada a nível estatal" (PDF). Ministério das Novas e
Energia Renovável, Governo da Índia. 31 de outubro de 2017. Arquivado em 12 de julho
2017. Recuperado em 24 de novembro de 2017.
[190]. "Recarga de página inteira". IEEE Spectrum: Tecnologia, Engenharia e Ciência
Notícias. Recuperado em 24 de fevereiro de 2020.
[191]. "O maior parque solar do mundo lançado em Karnataka". The Economic Times. 1
março de 2018. Recuperado em 24 de fevereiro de 2020.
[192]. "Acme Solar comissiona a central de energia solar mais barata da Índia".
Recuperado em 29 de setembro de 2018.
[193]. "As 10 maiores usinas de energia solar fotovoltaica". InterPV. Recuperado em 22
abril de 2013. Recuperado em 13 de abril de 2013
[194]. "Central solar de 103 MW entra em funcionamento na Jordânia". Revista PV. 26 de abril de 2018.
Recuperado em 28 de abril de 2018.
[195]. Brian Parkin (23 de abril de 2018).
"Jordan Eyes Power Storage as Next Step in Green Energy Drive".
Bloomberg L.P. Recuperado em 23 de abril de 2018.
[196]. Rosenthal, Elisabeth (8 de março de 2010).
"A indústria solar aprende lições no sol espanhol". The New York Times.
Recuperado em 7 de março de 2013.
[197]. "Base de dados solar fotovoltaica dos EUA". eerscmap.usgs.gov. Estados Unidos
Serviço Geológico (USGS). novembro de 2023.
[198]. "Padrão de Portfólio de Renováveis da Califórnia (RPS)". Público da Califórnia
Comissão dos serviços públicos. Arquivado do original em 7 de março de 2013.
Recuperado em 7 de março de 2013.
[199]. "Norma da carteira de energia do Nevada". Base de dados de incentivos estatais para
Energias renováveis e eficiência. Departamento de Energia dos EUA. Recuperado em 7
março de 2013.
[200]. "Arizona Energy Portfolio Standard". Base de dados de incentivos estatais para

Energias renováveis e eficiência. Departamento de Energia dos EUA. Recuperado em 7
março de 2013.

Capítulo (3)
Arquitetura solar

3.1. Prefácio

A arquitetura solar consiste em conceber os edifícios de forma a utilizar o calor e a luz do sol com o máximo de vantagens e o mínimo de inconvenientes, e refere-se especialmente ao aproveitamento energia solar. Está relacionada com os domínios da ótica, da térmica, da eletrónica e da ciência dos materiais. Estão envolvidas estratégias activas e passivas.

Um heliotrópio (no cimo do edifício) gira para seguir o sol

A utilização de módulos fotovoltaicos flexíveis de película fina permite uma integração fluida com os perfis de cobertura em aço, melhorando a conceção do edifício. A orientação de um edifício para o sol, a seleção de materiais com uma massa térmica favorável ou com propriedades de dispersão da luz e a conceção de espaços que façam circular naturalmente o ar também constituem arquitetura solar.

As melhorias na arquitetura solar têm sido limitadas pela rigidez e peso dos painéis de energia solar normais. O desenvolvimento contínuo da energia solar fotovoltaica (PV) de película fina proporcionou um veículo leve mas robusto para aproveitar a energia solar e reduzir o impacto de um edifício no ambiente.

3.2. História

A ideia da conceção de edifícios solares passivos surgiu pela primeira vez na Grécia por volta do século V a.C.. Até essa altura, a principal fonte de combustível dos gregos era o carvão vegetal, mas devido a uma grande escassez de madeira para queimar, foram forçados a encontrar uma nova forma de aquecer as suas habitações [1]. Com a necessidade como motivação, os gregos revolucionaram o projeto das suas cidades. Começaram a utilizar materiais de construção que absorviam a energia solar, sobretudo a pedra, e passaram a orientar os edifícios de forma a ficarem virados para sul. Estas revoluções, associadas a saliências que impediam a entrada do sol quente do verão, criaram estruturas que necessitavam de pouco aquecimento e arrefecimento.
escreveu: "Nas casas viradas para sul, o sol penetra no pórtico no inverno, enquanto no verão o caminho do sol passa mesmo por cima das nossas cabeças e por cima do telhado, de modo que há sombra"[2].

A partir daí, a maioria das civilizações orientou as suas estruturas de modo a proporcionar sombra no verão e aquecimento no inverno. Os romanos aperfeiçoaram o projeto dos gregos, cobrindo as janelas viradas para sul com diferentes tipos de materiais transparentes [1].

Outro exemplo mais simples de arquitetura solar primitiva são as habitações rupestres nas regiões do sudoeste da América do Norte. Tal como as construções gregas e romanas, os penhascos onde os indígenas desta região construíam as suas casas estavam orientados para sul, com uma saliência para os proteger do sol do meio-dia durante os meses de verão e captar o máximo possível de energia solar durante o inverno [3].

A arquitetura solar ativa envolve a movimentação de calor e/ou frio entre um meio de armazenamento temporário de calor e um edifício, normalmente em resposta a uma solicitação de calor ou frio por parte de um termo-estato no interior do edifício. Embora este princípio pareça útil em teoria, problemas significativos de engenharia têm impedido quase toda a arquitetura solar ativa na prática. A forma mais comum de arquitetura solar ativa, o armazenamento em leito rochoso com o ar como meio de transferência de calor, geralmente produzia bolor tóxico no leito rochoso que era soprado para dentro das casas, juntamente com poeira e radão em alguns casos.

Uma encarnação mais complexa e moderna da arquitetura solar foi introduzida em 1954 com a invenção da célula fotovoltaica pela Bell Labs.

As primeiras células eram extremamente ineficientes e, por isso, não eram amplamente utilizadas, mas, ao longo dos anos, a investigação governamental e privada melhorou a eficiência até ao ponto em que é atualmente uma fonte de energia viável.

As universidades foram alguns dos primeiros edifícios a adotar a ideia da energia solar. Em 1973, a Universidade de Delaware construiu a Solar One, que foi uma das primeiras casas do mundo a funcionar com energia solar.

À medida que as tecnologias fotovoltaicas avançam, a arquitetura solar torna-se mais fácil de realizar. Em 1998, Guha Subhendu desenvolveu telhas fotovoltaicas e, recentemente, uma empresa chamada Oxford Photovoltaics desenvolveu células solares de perovskite suficientemente finas para serem incorporadas em janelas [4]. Embora as janelas ainda não tenham atingido um tamanho que possa ser aproveitado a nível comercial, a empresa acredita que as perspectivas são promissoras [5].

3.3. Elementos

3.3.1. Estufa

Estufa no Canadá.

Uma estufa retém o calor do sol. Numa estufa com vidros duplos, ocorrem três efeitos: ausência de convecção (bloqueio do ar), manutenção dos raios (o solo absorve um fotão, emite-o com uma energia infravermelha inferior e o vidro reflecte esse infravermelho para o solo) e pouca condução (vidros duplos). Parece que o efeito de convecção é o mais importante, uma vez que as estufas nos países pobres são feitas de plástico.

A estufa pode ser utilizada para o cultivo de plantas no inverno, para o cultivo de plantas tropicais, como terrário para répteis ou insectos, ou simplesmente para o conforto do ar . Deve ser ventilada, mas não em demasia, caso contrário a convecção tornará o interior mais frio, perdendo o efeito desejado. A estufa pode ser combinada com um acumulador de calor ou com uma máscara opaca.

3.3.2. Módulo fototérmico

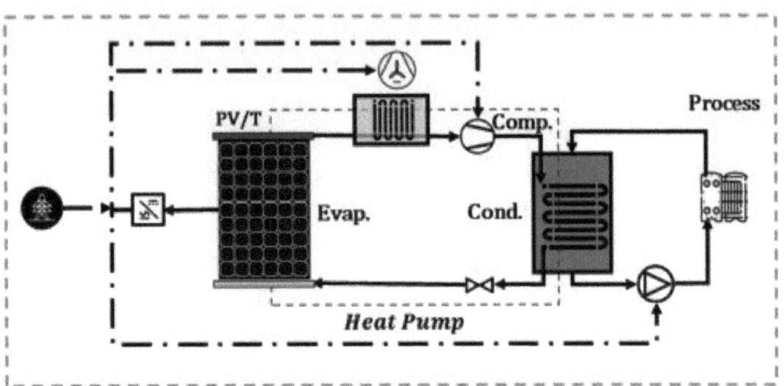

Módulos fototérmicos no telhado.

Os módulos fototérmicos convertem a luz solar em calor. Aquecem facilmente a água doméstica a 80 °C (353 K). São colocados virados para o ponto cardeal ensolarado, em vez de apontarem para o horizonte, para evitar o sobreaquecimento no verão e consumir mais calorias no inverno. Num local 45° Norte, o módulo deve estar virado para Sul e o ângulo em relação à horizontal deve ser de cerca de 70°.

A utilização de sistemas intermédios de aquecimento solar, como os tubos evacuados, o sistema parabólico composto e o sistema de calha parabólica, é discutida, uma vez que correspondem a necessidades específicas e intermédias. Um cliente que pretenda um sistema económico preferirá o fototérmico, que fornece água quente a 80 °C (353 K) com uma eficiência de 70-85%. Um cliente que pretenda temperaturas elevadas preferirá a parábola solar, que fornece 200 °C (573 K) com uma eficiência de 70-85%.

Os módulos fototérmicos do tipo "faça você mesmo" são mais baratos e podem utilizar um tubo em espiral, com a água quente a sair do centro do módulo. Existem outras geometrias, como a serpentina ou a quadrangular.

Se o telhado for plano, pode ser colocado um espelho em frente do módulo fototérmico para lhe dar mais luz solar.

O módulo fototérmico tornou-se popular nos países mediterrânicos, com a Grécia e a Espanha a contarem com 30-40% de casas equipadas com este sistema, tornando-se parte da paisagem.

3.3.3. Módulo fotovoltaico

Telhas fotovoltaicas no telhado.

Os módulos fotovoltaicos convertem a luz solar em eletricidade. Os módulos solares clássicos de silício têm uma eficiência de até 25%, mas são rígidos e não podem ser facilmente colocados em curvas. Os módulos solares de película fina são flexíveis, mas têm uma eficiência e um tempo de vida inferiores.

Os ladrilhos fotovoltaicos combinam o útil com o agradável, fornecendo superfícies fotovoltaicas semelhantes a ladrilhos.

Uma regra pragmática é colocar a superfície fotovoltaica virada para o ponto cardeal ensolarado, com um ângulo igual à latitude em relação à horizontal. Por exemplo, se a casa estiver a 33° Sul, a superfície fotovoltaica deve estar virada para Norte com 33° em relação à horizontal. Desta regra resulta uma norma geral de ângulo do telhado, que é a norma na arquitetura solar.

3.4. Armazenamento térmico

O sistema mais simples de aquecimento solar de água consiste em colocar um depósito de água quente na direção do Sol e pintá-lo de preto.

Um solo espesso de rocha numa estufa manterá algum calor durante a noite. A rocha absorve o calor durante o dia e emite-o durante a noite. A água tem a melhor capacidade térmica para um material comum e continua a ser um valor seguro.

3.5. Armazenamento elétrico

Nos sistemas fotovoltaicos autónomos (fora da rede), são utilizadas baterias para armazenar o excesso de eletricidade e fornecê-la quando necessário durante a noite.

Os sistemas ligados à rede podem utilizar o armazenamento inter-sazonal graças à hidroeletricidade armazenada por bombagem. Está também a ser estudado um método inovador de armazenamento, o armazenamento de energia por ar comprimido, que pode ser aplicado à escala de uma região ou de uma casa, quer se utilize uma caverna ou um tanque para armazenar o ar comprimido.

3.6. Parede branca

Igreja de paredes brancas em Santorini.

Nas ilhas gregas, as casas são pintadas de branco para não absorverem o calor. As paredes brancas cobertas de cal e os telhados azuis fazem com que o estilo tradicional das ilhas gregas seja apreciado pelos turistas, pelas suas cores, e pelos habitantes, pelo ar interior mais fresco.

3.7. Parede preta

Nos países nórdicos, é o contrário: as casas são pintadas de preto para absorver melhor o calor da irradiação. O basalto é um material interessante, uma vez que é naturalmente preto e apresenta uma elevada capacidade de armazenamento térmico.

Casa com paredes negras na Noruega.

3.8. Seguidor solar

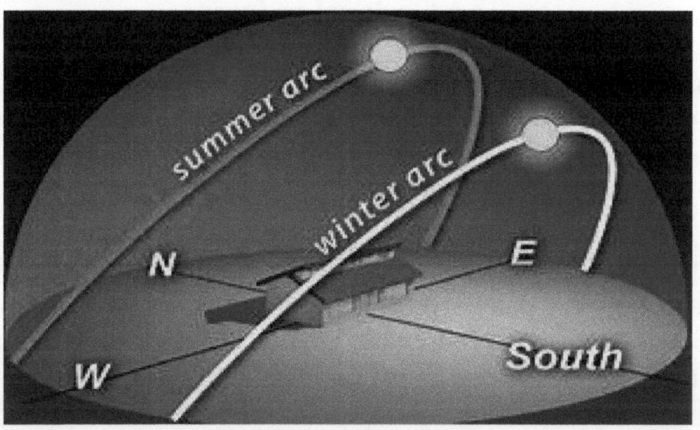

Parte ou a totalidade da casa pode seguir a corrida do Sol no céu para captar a sua luz.

A Heliotrope, a primeira casa de energia positiva do mundo, gira para captar a luz do sol, convertida em eletricidade por módulos fotovoltaicos, aquecendo a casa através do vidro translúcido.

O rastreio requer eletrónica e automatismos. Há duas formas de informar o sistema sobre a posição do Sol: instrumental e teórica. O método instrumental utiliza captores de luz para detetar a posição do Sol. O método teórico utiliza fórmulas astronómicas para saber o lugar do Sol. Um ou dois motores de eixo farão o sistema solar rodar para ficar virado para o Sol e captar mais luz solar.

Um módulo fotovoltaico ou fototérmico pode ganhar mais de 50% de produção, graças a um sistema de rastreio [6].

3.9. Máscara solar

O Heliodome tem sombra no verão, e a luz do sol no inverno.

Por vezes, o calor torna-se demasiado elevado, pelo que se pode desejar uma sombra. O Helio-dome foi construído de forma a que o telhado esconda o Sol no verão, para evitar o sobreaquecimento, e deixe passar a luz solar no inverno [7].

Como máscara, qualquer material opaco serve. Uma cortina, um penhasco ou uma parede podem ser máscaras solares. Se uma árvore frondosa for colocada em frente a uma estufa, pode esconder a estufa no verão e deixar entrar a luz do sol no inverno, quando as folhas caem.
As sombras não funcionam da mesma forma consoante a estação do ano. Utilizar a mudança sazonal para obter sombra no verão e luz no inverno é uma regra geral para uma máscara solar.

3.10. Chaminé solar

Uma chaminé solar é uma chaminé de cor preta exterior. Foram utilizadas na antiguidade romana como sistema de ventilação. A superfície negra faz com que a chaminé aqueça com a luz do sol. O ar no interior aquece e sobe, bombeando o ar do subsolo, que está a 15 °C (288 K) durante todo o ano. Este permutador ar-solo tradicional era utilizado para tornar as casas frescas no verão e amenas no inverno.

A chaminé solar pode ser acoplada a um badgir ou a uma chaminé de madeira para um efeito mais forte.

3.11. Parábola solar

Uma parábola solar é um espelho parabólico que concentra a luz do sol para atingir temperaturas elevadas. Na cozinha colectiva de Auroville, uma grande parábola solar no telhado fornece calor para cozinhar.

A parábola solar de Auroville.

A parábola solar também pode ser utilizada para a construção industrial. O forno solar de Odeillo, uma das maiores parábolas solares do mundo, concentra a luz do sol 10.000 vezes e atinge temperaturas superiores a 3.200 K. Nenhum material resiste, até o diamante se funde. Abre a visão de uma metalurgia futurista, utilizando uma fonte de energia limpa e renovável.

3.12. Exemplos

Um dos primeiros grandes edifícios comerciais a exemplificar a arquitetura solar é o 4 Times Square, em Nova Iorque. Tem painéis solares embutidos do 37º ao 43º andares e incorporou mais tecnologia de eficiência energética do que qualquer outro arranha-céus na altura da sua construção [4]. O Estádio Nacional em Kaohsiung, Taiwan, concebido pelo arquiteto japonês Toyo Ito, é uma estrutura em forma de dragão que tem 8 844 painéis solares no telhado. Foi construído em 2009 para acolher os jogos mundiais de 2009. Construído totalmente com materiais reciclados, é o maior estádio do mundo alimentado por energia solar e fornece energia ao bairro circundante quando não está a ser utilizado. O Edifício Sundial, na China, foi construído para simbolizar a necessidade de substituir os combustíveis fósseis por fontes de energia renováveis. O edifício tem a forma de um leque e está coberto por 4.600 metros quadrados de painéis solares. Em 2009, foi considerado o maior edifício de escritórios do mundo alimentado por energia solar.

Embora ainda não esteja concluída, a Torre da Cidade Solar, no Rio de Janeiro, é outro exemplo do que a arquitetura solar poderá vir a ser no futuro. Trata-se de uma central eléctrica que gera energia para a cidade durante o dia, ao mesmo tempo que bombeia água para o topo da estrutura. À noite, quando o sol não estiver a brilhar, a água será libertada para fazer funcionar as turbinas que continuarão a gerar eletricidade. A sua inauguração estava prevista para os Jogos Olímpicos de 2016 no Rio, embora o projeto ainda esteja em fase de proposta [8].

3.13. Benefícios ambientais

A utilização da energia solar na arquitetura contribui para um mundo de energia limpa e renovável. Trata-se de um investimento: o preço inicial é elevado, mas depois não há quase nada a pagar. Pelo contrário, as energias fósseis e cindíveis são baratas no início, mas custam quantias tremendas aos seres humanos e à natureza. Calcula-se que a catástrofe de Fukushima tenha custado 210 mil milhões de dólares ao Japão [9]. O aquecimento global já foi uma causa de extinção de espécies.

3.14. Crítica

De acordo com um artigo publicado no sítio Web da ECN intitulado "Os arquitectos só querem desenvolver edifícios atraentes", o principal objetivo de um arquiteto é "criar um objeto espacial com linhas, formas, cores e textura. São estes os desafios que se colocam ao arquiteto no âmbito do programa de necessidades do cliente. Mas não se pensa imediatamente na utilização de um painel solar como um material de construção interessante. Ainda há muito a fazer neste domínio" [10]. No artigo é afirmado várias vezes que os painéis solares não são a primeira escolha de um arquiteto para material de construção devido ao seu custo e estética.

Outra crítica à instalação de painéis solares é o seu custo inicial. De acordo com o site energyinfomative.org, o custo médio de um sistema solar residencial situa-se entre os 15 000 e os 40 000 dólares (USD), e cerca de 7 dólares por watt [11]. No artigo, diz-se que, às taxas actuais, seriam necessários 10 anos para pagar um sistema médio. Como um painel solar pode durar mais de 20 anos [12], acaba por ser um benefício.

3.15. Referências

[1]. Perlin, J. Passive Solar History (2005, 1 de janeiro) California Solar Center.
Recuperado em 30 de março de 2015.
[2]. Design Solar Passivo - Uma História (2010, 1 de fevereiro) GreenBuilding.com
Recuperado em 25 de março de 2015.
[3]. Sete maravilhas antigas do design e da tecnologia grega Ecoist. Recuperado
19 de abril de 2015.
[4]. The History of Solar (2012, 8 de março) U.S. Department of Energy. Recuperado
26 de março de 2015.
[5]. A nossa visão (2015, 1 de janeiro) Oxford PV. Recuperado em 29 de março de 2015.
[6]. Labouret e Villoz (2012). Instalações solares fotovoltaicas
(Dunod ed.). p. 183.
[7]. "HéliodomeYoutube".
[8]. Satre-Meloy, Aven Five Jaw Dropping Solar Architecture Projects. (2014,
25 de fevereiro) Blogue do Mosaico. Recuperado em 27 de março de 2015.
[9]. Tóquio, Quioto e arredores. Le Routard. 2016. p. 98.
[10]. Kaan, H. (2009). Os arquitectos só querem criar edifícios atraentes ECN.
Obtido em 19 de abril de 2015.
[11]. Maehlum, M. (2015, 23 de março). Quanto custam os painéis solares Energia
Informativo. Recuperado em 19 de abril de 2015.
[12]. Labouret e Villoz (2012). Installations photovoltaïques (Dunod ed.).
p. 13.

Capítulo (4)
Energia solar no telhado: Noções básicas, elementos essenciais, benefícios e custos

4.1. Prefácio

A utilização da energia solar tem crescido rapidamente nos EUA nos últimos anos. O relatório da Associação das Indústrias de Energia Solar de 2022 afirma que os EUA instalaram 20,2 GWdc de capacidade solar fotovoltaica. Este valor atingiu 142,3 GWdc de capacidade total instalada, o que é suficiente para alimentar 25 milhões de casas. A energia solar representou 50% da nova capacidade de produção de eletricidade, marcando um máximo histórico. A energia solar residencial registou um crescimento de 40%, enquanto a energia solar à escala dos serviços públicos enfrentou desafios. A Lei de Redução da Inflação promete um crescimento significativo, com uma capacidade projectada de 700 GWdc até 2033.

O aumento da popularidade da energia solar demonstra a crescente consciencialização para a importância das fontes de energia renováveis. Os sistemas de painéis solares não são apenas económicos. Têm também um impacto ambiental substancialmente menor do que as fontes de eletricidade convencionais. A energia solar permite-lhe também reduzir a sua pegada de carbono e preservar recursos valiosos.

4.2. Noções básicas sobre sistemas solares para telhados

Os painéis solares utilizam células fotovoltaicas para absorver a luz solar e convertê-la em eletricidade. Estas células fotovoltaicas contêm materiais condutores como o silício, que actua como um semicondutor. Quando a luz solar incide sobre as células, uma reação química liberta electrões, gerando uma corrente eléctrica.

O principal componente das células fotovoltaicas são os materiais semicondutores à base de cristais de silício dopados em camadas. A camada inferior, carregada de boro, cria uma carga positiva. A camada superior, que tem fósforo, gera uma carga negativa. Forma-se um campo elétrico na junção P-N, onde as camadas se encontram.

A exposição à luz do sol faz com que os fotões retirem os electrões de ambas as camadas, iniciando o fluxo de electrões devido às cargas opostas. Os electrões viajam através de um circuito externo, controlado pela junção P-N, para produzir eletricidade utilizável. No entanto, a eletricidade gerada tem a forma de corrente contínua, que é incompatível com os aparelhos domésticos. Um inversor solar converte a corrente contínua em corrente alternada. Depois disso, a eletricidade pode ser utilizada com segurança para vários fins. Simultaneamente, um medidor solar monitoriza a produção de energia solar no telhado e identifica potenciais problemas. Na sua essência, este processo demonstra como a energia solar é transformada em eletricidade utilizável.

Existem três tipos de instalações de sistemas solares - ligadas à rede, fora da rede e híbridas. A instalação ligada à rede é o tipo mais comum, em que os painéis são ligados à rede eléctrica pública. A principal vantagem deste tipo de instalação é que pode obter um contador líquido que reembolsará a sua conta de energia com qualquer excesso de eletricidade gerada por energia solar.

Uma instalação fora da rede é autónoma e não está ligada à rede eléctrica pública. Isto significa que terá de armazenar a energia dos seus painéis solares em baterias e utilizá-la quando necessário. Híbrido é uma combinação de um sistema ligado à rede com a capacidade de armazenamento de baterias de um sistema fora da rede.

4.3. Elementos essenciais para a instalação de sistemas solares

4.3.1. Prefácio

Os painéis solares de telhado são a sugestão ideal para aproveitar a energia solar, ajudando os utilizadores a poupar nos custos de eletricidade todos os meses. Nesta preocupação, existem alguns componentes importantes para a instalação de um sistema solar de telhado, nomeadamente:

- **Redução das emissões de carbono:** O sistema solar não apresenta riscos para a saúde e não produz gases que retêm o calor e contribuem para as alterações climáticas globais. O sistema solar no telhado não só não cria dióxido de carbono, como também não produz resíduos relacionados com o carvão, como o óxido nitroso, o dióxido de enxofre e o mercúrio.
- **Baixo custo de manutenção:** os sistemas solares para telhados são sistemas económicos. Requerem apenas uma limpeza adequada e uma manutenção regular com um processo simples. A maioria dos telhados solares tem uma vida útil média de 25 anos.
- **Não necessita de muito espaço para a instalação solar:** Uma vez que o sistema é instalado no telhado, não é necessário espaço adicional. Esta é uma vantagem adicional para os imóveis que dispõem de um sistema solar.
- **Poupança de custos:** A vantagem mais valiosa dos painéis solares no telhado é o facto de nos ajudarem a poupar dinheiro. A energia solar é muito mais barata do que a eletricidade industrial. Por isso, muitas indústrias optimizaram os custos instalando sistemas de energia solar nas fábricas.

4.3.2. Componentes significativos do sistema solar para telhados

4.3.2.1. Sol - Elemento indispensável para o sistema solar no telhado

Todos os sistemas solares recolhem energia do sol porque os sistemas solares não podem gerar energia por si próprios. Só podem converter a energia do sol em eletricidade. Um sistema solar normal de telhado é composto por uma camada de células de silício, uma estrutura metálica, uma cobertura de vidro e vários cabos para permitir o fluxo de eletricidade das células de silício. O silício é um não-metal com propriedades condutoras que lhe permitem absorver e converter a luz solar em eletricidade. Quando a luz solar interage com a célula de silício, faz com que os electrões se movam, criando uma corrente eléctrica. Isto significa que o sol tem de estar a brilhar para que os painéis do telhado produzam energia. Mesmo em dias nublados, os painéis podem gerar eletricidade, dependendo dos raios de sol que atravessam as nuvens.

4.3.2.2. Painéis solares para telhados com função de absorção da luz solar

O processo fotovoltaico começa com uma célula solar fotovoltaica de silício que absorve a radiação solar. A partir daí, os raios solares interagem com a célula de silício e os electrões começam a mover-se, criando uma corrente eléctrica. Os painéis geram uma corrente contínua quando a luz solar os atinge. A quantidade de eletricidade que um painel pode gerar depende de muitos factores, como o tipo de painel, a colocação do painel, a hora e a temperatura do dia.

4.3.2.3. Inversores em sistemas solares de telhado para converter energia

Os painéis solares no telhado têm a função de absorver a eletricidade DC e fornecê-la ao inversor. Uma vez que a rede e os electrodomésticos funcionam com eletricidade AC, o inversor tem de receber a energia DC obtida dos painéis e convertê-la em AC para gerar energia utilizável.

4.3.2.4. Local de instalação do sistema de painéis solares no telhado

Os painéis solares estão ligados ao painel elétrico da casa, que pode distribuir energia aos aparelhos domésticos quando necessário. O painel elétrico está ligado a todos os dispositivos do sistema, como o frigorífico, a máquina de lavar louça, o sistema de ar condicionado ou mesmo um veículo elétrico. Por conseguinte, os utilizadores devem escolher um local de instalação de painéis solares adequado para recolher energia suficiente para as suas necessidades.

4.3.2.5. A rede armazena a eletricidade recolhida o sistema solar de telhado

Se os painéis solares gerarem mais eletricidade do que a sua procura, a energia excedente pode ser canalizada para a rede. Por outro lado, se utilizar eletricidade numa altura em que os seus painéis não podem gerar eletricidade ou se utilizar mais energia do que os seus painéis produzem, a energia será retirada da rede.

4.3.3. Passos para instalar o sistema solar no telhado

- Colocar as escoras no telhado para suportar os painéis solares.
- Aparafuse cada coluna através do telhado e na treliça do telhado e certifique-se de que os painéis de revestimento das escoras encaixam por baixo da chapa do telhado para evitar fugas.
- Fixe as calhas de alumínio superior e inferior aos postes com parafusos de aço inoxidável e aperte os parafusos com o gatilho.
- Meça diagonalmente a partir da extremidade da calha superior até à extremidade da calha inferior. Repita a medição para medir a distância diagonal oposta. Se as duas medidas forem iguais, a calha é quadrada. Se não forem, ajuste uma das calhas.
- Instale a calha central, alinhando-a com as calhas superior e inferior.
- Conduza a conduta de energia e os fios até cada conjunto de painéis solares.
- Instalar um micro-inversor por baixo de cada painel solar
- Ligue um fio de terra de cobre nu de calibre 6 a cada inversor, que ligará todo o sistema à terra.
- Efetuar as ligações eléctricas de um conjunto de painéis solares para o seguinte.
- Coloque o painel fotovoltaico nos suportes, junte as ligações das fichas e, em seguida, aparafuse os clipes de retenção nas calhas para fixar o painel.
- Faça o trabalho elétrico estendendo os cabos dos painéis solares, através do novo contador de energia e para um painel auxiliar.

4.4. Benefícios dos sistemas de energia solar para telhados

Os proprietários de casas e empresas podem usufruir de inúmeros benefícios ao instalar painéis solares nos telhados. Produtos como ChintGlobalAstroSemi e ChintGlobalAstroTwins
são exemplos de soluções solares para telhados que podem oferecer estas vantagens.

- **Poupanças financeiras:** Os utilizadores podem poupar nos custos de energia ao produzirem a sua própria eletricidade. A eletricidade solar excedente também pode ser vendida às empresas de eletricidade, proporcionando aos proprietários um rendimento adicional.
- **Aumento do valor da propriedade:** As instalações solares no telhado podem aumentar o valor de uma propriedade. Os potenciais compradores são atraídos por casas e edifícios comerciais com energia solar, uma vez que estes têm custos de energia reduzidos e uma pegada ambiental mais pequena.
- **Fonte de energia renovável:** A energia solar é praticamente ilimitada. Enquanto o sol brilhar, é possível gerar energia. Assim, não esgota os recursos naturais.
- **Redução das emissões de carbono:** Ao utilizar sistemas de energia solar em telhados, os utilizadores podem reduzir significativamente as suas emissões de carbono. A energia solar não produz gases com efeito de estufa ou outros poluentes após a instalação. Isto ajuda a combater as alterações climáticas e contribui para um ambiente mais saudável.
- **Versatilidade:** A energia solar pode ser utilizada para aquecer água, alimentar casas e edifícios, bem como para carregar veículos eléctricos. É também acessível tanto em zonas rurais como urbanas.
- **Conservação da água:** Ao contrário de outras fontes de energia renováveis, a energia solar não necessita de água. Assim, ajuda nos esforços de conservação da água e é uma opção mais sustentável para a produção de eletricidade.

4.5. AstroSemi e Astro Twins da Chint Global para soluções solares para telhados

As soluções solares para telhados AstroSemi e AstroTwins da Chint são ideais para utilização residencial e comercial.

O AstroSemi está disponível numa vasta seleção de painéis duplos que variam entre 320 e 455W. Tem uma tensão máxima de sistema entre 1.000 e 1.500 VDC.

Os AstroTwins variam entre 325 e 450W e têm uma tensão máxima de sistema de 1.500 VDC. Todos os produtos são construídos com vidro espesso e molduras para garantir uma óptima durabilidade em qualquer ambiente.

Tanto o AstroSemi como o AstroTwins são sistemas altamente eficientes que são compatíveis com vários outros sistemas solares para telhados. A Chint Global oferece uma vasta gama de produtos solares que ajudarão a otimizar a produção de energia da sua casa ou empresa. Os nossos custos de instalação são muito acessíveis e os nossos produtos são especificamente concebidos para durar a longo prazo.

4.6. Considerações sobre os custos dos sistemas solares para telhados

Tal como acontece com qualquer tipo de sistema de produção de energia, pode esperar que os sistemas de painéis solares tenham um investimento inicial elevado.

O preço do sistema de painéis solares depende de sete factores:

- **Em primeiro lugar,** o tipo de instalação influencia os custos; as montagens no telhado são as mais comuns, mas as montagens no solo e os carports podem incorrer em despesas mais elevadas com mão de obra e componentes.
- **Em segundo lugar,** o tipo de equipamento tem impacto no preço. Painéis com maior densidade de potência, cores diferentes ou vários tipos de inversores (string, micro e optimizadores de potência).
- **Em terceiro lugar,** o tipo de telhado (metálico, de telha ou plano) requer componentes e níveis de mão de obra diferentes.
- **Em quarto lugar,** há que ter em conta o consumo de energia; os sistemas são concebidos para compensar o consumo de energia, mas o aumento da produção exige mais painéis e equipamento. Os proprietários devem encontrar um equilíbrio entre o custo e a produção de energia.
- **Em quinto lugar,** o sombreamento e as condições climatéricas têm impacto no tamanho do sistema e no equipamento. A exposição total ao sol permite um menor número de painéis, ao passo que as zonas sombreadas exigem um maior número. Os padrões climáticos

também devem ser considerados aquando da conceção dos sistemas.

- **Em sexto lugar,** os custos de interconexão variam em função da quantidade de energia solar na zona, da idade e da resistência do equipamento da linha e da dimensão do painel solar.
- **Finalmente,** a distância até ao ponto de interligação afecta os custos devido à instalação de condutas, abertura de valas e dimensionamento dos fios. Quanto maior for a distância, maior será a cablagem necessária. Uma vez que estes factores podem afetar o custo global da instalação, é recomendável trabalhar com um instalador solar profissional para obter um orçamento personalizado.

Atualmente, o governo está a oferecer incentivos para aqueles que investem em sistemas de produção de energia limpa. É provável que encontre incentivos fiscais e descontos no sistema a nível local, estatal e até federal, dependendo da sua localização. O instalador do sistema escolhido deve ser capaz de lhe fornecer um orçamento de instalação e informá-lo sobre quaisquer incentivos e descontos na sua área.

Capítulo (5)
Instalações solares em telhados de edifícios rurais

5.1. Prefácio

Saiba quais as perguntas a fazer quando estiver a considerar uma instalação solar no telhado. Esta informação técnica destina-se aos proprietários rurais do Ontário.

O telhado de um edifício agrícola pode ser um local ideal para uma instalação solar (Figura). Os telhados têm grandes áreas de superfície com poucas obstruções, e o proprietário do terreno tem normalmente controlo sobre os objectos que podem sombrear os módulos solares durante a vida útil da instalação. O desafio é que a maioria das estruturas agrícolas existentes não foi concebida para suportar instalações solares em telhados. Como resultado, há uma série de questões a colocar quando se considera uma instalação solar no telhado. Esta ficha informativa analisa essas questões e os aspectos a ter em conta.

**A energia solar é uma abordagem limpa e sustentável para produzir e utilização de energia no Ontário. Tectos de edifícios rurais proporcionar uma oportunidade para a energia solar fotovoltaica (PV)
produção de energia.**

5.2. Factores de conceção utilizados nos edifícios agrícolas

O National Farm Building Code of Canada, 1995, descreve alguns dos requisitos estruturais específicos para edifícios agrícolas de baixa ocupação humana (um edifício agrícola com uma carga de ocupação não superior a uma pessoa por 40 m2 de área útil durante a utilização normal). Quando um edifício agrícola de baixa ocupação humana cumpre as condições específicas, o engenheiro pode decidir reduzir a carga total de projeto da cobertura de uma de duas formas.

5.2.1. Fator de exposição ao vento

Em condições de exposição, em que é provável que o telhado permaneça "varrido pelo vento" durante a vida útil da estrutura, o engenheiro pode incluir um fator de redução no cálculo da carga total de projeto do telhado. Se este fator foi utilizado no projeto original da estrutura, mas já não se aplica, devido à adição de uma obstrução próxima (silo, pendente, árvore), a estrutura pode necessitar de ser reforçada para cumprir os requisitos do código atual.

A figura mostra um edifício que é varrido pelo vento atualmente, mas que poderá não o ser quando as árvores crescerem em altura. O fator de exposição ao vento foi muito utilizado em anos anteriores, mas não é tão comum atualmente. O fator tem em conta a altura da obstrução em relação à altura do telhado e a distância a que se encontra do telhado. É difícil para um engenheiro ter a certeza de que a estrutura permanecerá exposta ao vento durante a vida útil da estrutura.

Uma estrutura varrida pelo vento que pode não ser varrida pelo vento depois de as árvores crescerem em altura.

5.2.2. Fator de conceção de telhados escorregadios

O fator de dimensionamento para coberturas escorregadias é utilizado com superfícies lisas e escorregadias desobstruídas, como chapas metálicas (normalmente encontradas em edifícios agrícolas) ou vidro, para reduzir a carga total de dimensionamento da cobertura, sempre que a inclinação da cobertura o permita. O fator de cálculo para coberturas escorregadias é também conhecido como fator de inclinação.

Os módulos solares de silício cristalino (mono-cristalino ou policristalino) têm superfícies de vidro e são aplicados no telhado de várias formas. Dois métodos são apresentados nas figuras. Em ambos os casos, não é certo que a neve deslize completamente para fora do telhado com a mesma facilidade com que o faria antes da instalação. A figura mostra uma instalação com linhas para acesso de manutenção e ventilação. A figura mostra uma instalação em que os módulos são instalados juntos, com um espaço entre filas de aproximadamente 19 mm. Ambas as instalações utilizam módulos de silício cristalino.

Uma instalação de painéis solares de módulos de silício cristalino com fileiras para acesso de manutenção e ventilação.

Uma instalação de painéis solares em que os módulos de silício cristalino são instalados juntos, com um intervalo de aproximadamente 19 mm entre filas.

O engenheiro determina se a neve pode deslizar completamente para fora do telhado e se o fator de dimensionamento para telhados escorregadios pode ser aplicado ao completar os cálculos da carga total associada ao telhado. Também são consideradas as protecções contra gelo/neve, as calhas e o estado do revestimento do telhado. A figura mostra um telhado com beirais e vales que requer uma consideração especial, uma vez que a neve não pode deslizar completamente para fora de qualquer uma das superfícies do telhado.

Um telhado com um padrão de carga complexo devido às diferentes partes do edifício e a utilização de beirais.

5.2.3. Disposição dos módulos e requisitos de reforço

Os módulos solares de silício cristalino (c-Si) são frequentemente instalados em calhas de alumínio fixadas ao telhado com um espaçamento específico. Como resultado, o peso dos módulos e de tudo o que está em cima deles (por exemplo, neve) só é transferido para o resto da estrutura em determinados pontos. A figura mostra a parte inferior de uma instalação solar no telhado, onde a carga é transferida em vários pontos abaixo da instalação solar. Muitas estruturas agrícolas são construídas com asnas de madeira no telhado.

Painel solar instalado em calhas de alumínio fixas para o teto com o espaçamento especificado.

5.2.4. Visita do engenheiro ao local

Para calcular a carga total de projeto do telhado, o engenheiro deve determinar se o telhado é ventoso e se ficará escorregadio após a instalação dos módulos. A melhor forma de obter esta informação é através da observação direta e da discussão do projeto com o proprietário.

Embora as asnas do telhado sejam um componente estrutural crítico, o engenheiro deve analisar toda a estrutura. Outros componentes a examinar incluem as vigas das paredes, os lintéis, os postes, as vigas, as bases, o sistema de contraventamento e as fundações. Os engenheiros certificam-se de que estes componentes têm a resistência adequada para suportar a carga e que foram corretamente mantidos.

5.3. Deficiências comuns encontradas nos edifícios agrícolas do Ontário

Há uma variedade de deficiências a procurar e elas variam, dependendo da utilização da estrutura. O ambiente num edifício de criação de gado é húmido e corrosivo, devido ao gado. Qualquer ar que entre no espaço do sótão a partir do ambiente do gado irá provavelmente corroer as placas de treliça (gusset). A figura mostra a placa de treliça num celeiro com 7 anos de idade. O celeiro tem um sistema de ventilação, mas o sistema não impediu que o ar húmido entrasse no espaço do sótão. Como resultado, todas as placas de treliça do topo estão a corroer.

5.4. **Placa de treliça corroída num estábulo de gado**

Tenha em conta a corrosão das placas de treliça em edifícios agrícolas quando considerar instalações solares no telhado. Para mais informações sobre este tema, consulte a ficha informativa do OMAFRA, Corrosão das placas de ligação das treliças de telhado em edifícios agrícolas.

Outra deficiência comum é a falta de contraventamento adequado. Em alguns casos, o contraventamento nunca foi instalado, é insuficiente ou foi removido. Há uma variedade de técnicas de contraventamento que dependem de factores como a dimensão e a forma do edifício. Por exemplo, uma revisão confirmará se o contraventamento lateral permanente foi aplicado às teias de compressão necessárias num edifício de treliça de madeira. Este contraventamento ajuda a evitar a encurvadura e é ancorado para evitar o movimento lateral (o efeito "dominó"). Esta ancoragem é frequentemente conseguida através da utilização de contraventamentos diagonais.

Uma junta complexa num antigo celeiro de um banco.

5.5. Inspeção técnica final

O engenheiro efectua o cálculo do dimensionamento da carga do telhado, com base em determinados pressupostos. Para confirmar que estes pressupostos são corretos, o engenheiro terá de inspecionar o produto final. Por exemplo, a colocação dos módulos solares ao longo do comprimento da treliça é importante. A figura mostra uma treliça que tem a carga pontual aplicada em dois pontos diferentes. Se a carga pontual tiver sido projectada para ocorrer no local A, a corda superior da treliça é bem suportada no nó pelas teias por baixo. Se essa carga pontual se deslocar ao longo do comprimento da corda superior para a localização B, a corda superior sofrerá mais força de flexão, o que pode levar a requisitos adicionais de reforço.

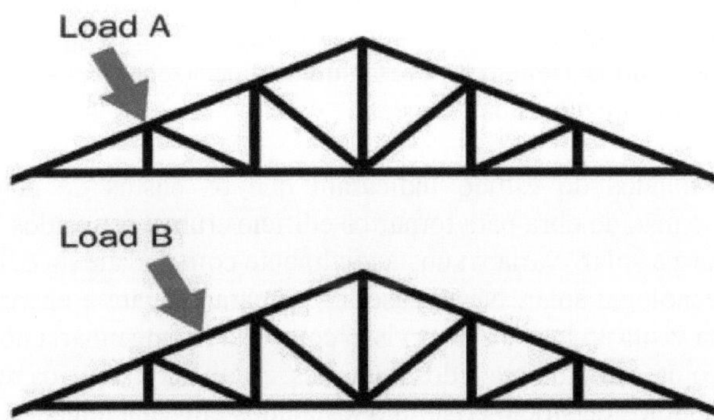

No local A, a corda superior é bem suportada pelas duas redes. No entanto, a força de flexão será maior se a mesma a carga é aplicada mais acima na treliça, no local B.

Também é importante que o telhado tenha sido reforçado corretamente. Os aspectos a rever no produto acabado incluem o tamanho de quaisquer placas de treliça adicionais, padrões de pregos adequados e o tamanho e localização de peças de suporte adicionais. A figura mostra um exemplo em que foi necessário um reforço significativo da corda inferior e das placas de treliça.

O reforço em contraplacado proporciona um apoio adicional a este barracão de armazenamento.

5.6. Custos de engenharia, materiais de reforço e mão de obra

Em 2011, o OMAFRA participou num estudo que examinou os custos de engenharia, reforço, materiais e mão de obra associados a instalações solares em edifícios agrícolas. Foram examinados muitos tipos diferentes de edifícios rurais (leiteiros, aves, suínos, armazéns) e as idades dos edifícios variaram significativamente.

Os resultados do estudo indicaram que os custos de engenharia, materiais e mão de obra para tornar os edifícios rurais estudados "prontos para a energia solar" variam substancialmente com a idade do edifício e o tipo de tecnologia solar. Neste caso, a "preparação para a energia solar" inclui uma visita ao local, uma revisão completa da engenharia do edifício e o reforço da mão de obra e dos materiais. A tabela resume os resultados para os módulos de silício cristalino instalados em cada telhado.

Os edifícios da Tabela não necessitaram de modificações nas fundações ou noutros componentes estruturais importantes. As alterações nas fundações de uma estrutura aumentariam significativamente o custo do projeto.

Custos aproximados para preparar uma variedade de edifícios rurais para suportar uma instalação solar de silício cristalino (dólares de 2011)			
descrição	**Exemplo**	**Energia (kW)**	**Total ($/kW)**
2007 Exploração avícola com 152 m de comprimento		**232.2**	**87**
celeiro bancário de cerca de 1900, as madeiras necessitam de ser niveladas		**18.92**	**427**
1973 Armazém de feno construído à mão, telhado de gambrel		**18.275**	**613**
2002 barracão de armazenamento de um piso com desenhos		**50.3**	**170**

1994 Celeiro leiteiro de um andar		29.025	265
Celeiro leiteiro de um piso de 2006. Cobertura em asnas mono-inclinadas com vigas de suporte interiores em aço.		215	.
2000 edifícios não agrícolas com requisitos de código diferentes		55	583
2002 Celeiro para suínos de um piso com estrutura de madeira		55	275

cerca de 1975 barracão de entrada de um andar		11	630

5.7. Factores que afectam os custos de engenharia e de reforço

A idade da estrutura é um dos factores mais importantes que afectam os custos de reforço. Muitos celeiros mais antigos têm de ser reforçados e/ou reparados para ficarem em conformidade com os requisitos do código atual. Quaisquer ligações não normalizadas devem ser analisadas com cuidado, uma vez que não são encontradas com muita frequência e são exclusivas dessa construção.

A classificação da madeira em edifícios antigos tem impacto na quantidade de reforço necessária. Para os elementos de madeira, existe uma diferença substancial de resistência entre as classes baixa, média e alta. Consequentemente, as estruturas com madeira de qualidade inferior requerem mais custos de reforço. Se a madeira tiver de ser identificada com exatidão por um classificador de madeiras, é de prever custos adicionais.

A quantidade de reforço necessária tem impacto no custo total. Alguns edifícios apenas necessitam de reforçar um componente (por exemplo, as asnas) porque existe capacidade de reserva em todos os outros elementos do edifício. Quando outros elementos estruturais são envolvidos, é de esperar que o custo aumente. Por exemplo, aumentar o tamanho da sapata requer uma quantidade significativa de tempo e dinheiro.

É menos provável que os edifícios mais antigos tenham desenhos disponíveis. Quando os desenhos estão disponíveis e são confirmados, pode ser gasto mais tempo na revisão e análise estrutural, tornando a inspeção do edifício mais rentável. Se os desenhos das treliças estiverem disponíveis, é muito mais fácil determinar os requisitos de reforço, e este trabalho pode ser concluído com mais precisão. Algumas empresas de treliças dispõem de software que permite produzir facilmente esquemas específicos.

O tamanho da estrutura também é importante. Embora o custo total da instalação de painéis solares aumente com o tamanho do edifício, com uma instalação solar num telhado maior, os custos fixos (por exemplo, a visita ao local) são distribuídos e o custo por kW diminui frequentemente.

5.8. Alternativas para o reforço estrutural de uma estrutura

Em alguns casos, não existe uma forma rentável de reforçar uma estrutura existente para que os módulos de silício cristalino possam ser colocados em toda a superfície do telhado. Por exemplo, as treliças com cordas inferiores inclinadas são problemáticas se as forças de projeto da treliça forem elevadas e as ligações forem demasiado apertadas para permitir um reforço adequado. A figura mostra um exemplo de uma treliça deste tipo. Nestes casos, os engenheiros consideram a colocação de filas de módulos perto do pico da treliça, onde pode haver mais força. É mais provável que a neve deslize completamente para fora do telhado e os requisitos de reforço são reduzidos. Outros podem considerar esta opção quando é demasiado difícil reforçar a estrutura. Isto pode ocorrer em espaços pequenos e isolados no sótão, onde o processo de entrega e instalação correta do material de reforço é muito difícil.

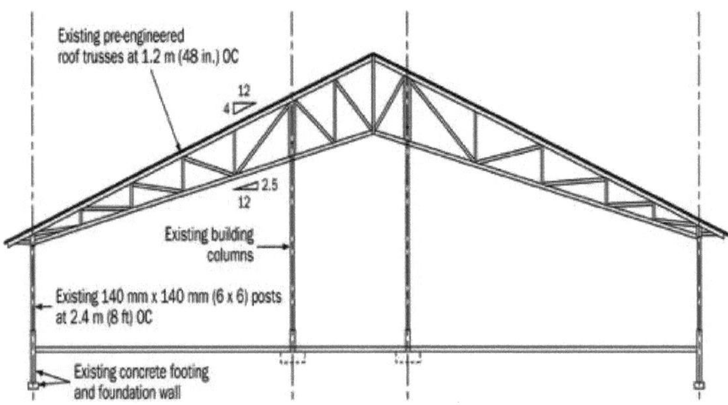

Uma treliça com uma corda inferior inclinada onde as forças nas barras
pode ser mais elevado e há menos espaço para o reforço.

Outra forma de ultrapassar este desafio é selecionar um tipo de tecnologia diferente. Por exemplo, os módulos de silício amorfo (película fina) pesam menos do que os módulos de silício cristalino (c-Si) e, em alguns casos, podem ser instalados de modo a que o fator de conceção do telhado escorregadio continue a aplicar-se. A figura mostra um exemplo de uma instalação de película fina.

Nestes casos, analise o montante total de receitas geradas juntamente com os custos reduzidos de reforço para ajudar a determinar se esta é uma boa alternativa para o projeto. Considere uma abordagem semelhante no lado norte de um telhado ou noutra área que receba luz solar difusa. Embora o silício amorfo não produza tanta eletricidade (sob luz solar direta com exposição a sul, por exemplo) numa base de pés quadrados, pode ter um melhor desempenho em situações com luz difusa ou outras condições específicas.

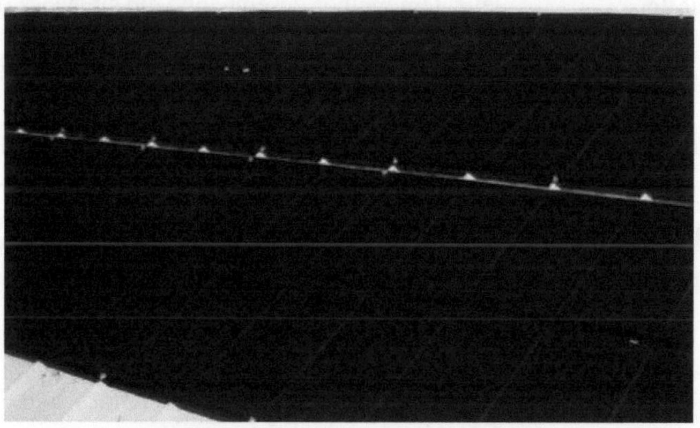

Uma instalação de película fina em que o material foi aplicado diretamente no telhado.

Algumas das questões-chave a que um engenheiro terá de responder para determinar se um projeto solar no telhado é rentável.

Questões de engenharia solar para telhados	
Tópico	**Comentário**
Edifício varrido pelo vento	O edifício pode ou não ter sido concebido utilizando o fator de exposição ao vento. Esta decisão tem em conta a localização atual do edifício e a proximidade de obstruções, bem como as alterações que poderão ocorrer no futuro.
Fator de inclinação do telhado (telhado escorregadio)	Se o fator de telhado escorregadio foi aplicado durante o projeto original mas não se aplica agora (devido às razões discutidas), a carga total de projeto do telhado pode aumentar

	significativamente. As coberturas inclinadas podem impedir que a neve deslize completamente para fora do telhado.
Instalação de módulos	Considerar o impacto de eventuais linhas de manutenção/ventilação nos cálculos da carga de neve. Quando o espaçamento dos fixadores é conhecido, é possível calcular a carga transferida para a estrutura em cada ligação.
Qualidade e quantidade de luz solar dirigida à superfície do telhado	Em alguns casos, o silício cristalino é mais pesado, mais eficiente numa base de pés quadrados quando sujeito a luz solar direta e requer mais reforço. O silício amorfo é mais leve, tem melhor desempenho em situações de luz difusa e requer menos reforço. Os proprietários de terras podem optar por analisar ambas as soluções e comparar o retorno do investimento (ROI) para ajudar a tomar esta decisão.
Requisitos do código	Se a estrutura foi construída antes da entrada em vigor do último código, é provável que tenha de ser reforçada para cumprir os requisitos do código atual. A carga adicional devida à instalação solar requer uma consideração adicional. Algumas pessoas ficam surpreendidas com o facto de os seus edifícios mais recentes não poderem suportar a carga adicional de uma instalação solar. Muitos edifícios modernos são concebidos de modo a que os componentes estruturais suportem exatamente as cargas necessárias e pouco mais. Como resultado, mesmo aumentos relativamente pequenos na carga total de projeto da cobertura conduzem a requisitos de reforço.
Toda a estrutura adequada para uma instalação solar no telhado	Muitas pessoas concentram-se nas asnas do telhado. Um engenheiro determinará se outros componentes estruturais, como postes, vigas, bases e lintéis, têm a resistência adequada para suportar a carga adicional. As placas de treliça foram mencionadas, mas as condições atmosféricas adversas podem afetar outros elementos estruturais, como as placas de base de aço.

Defeitos de construção	O edifício agrícola pode ter placas de treliça corroídas, componentes em falta ou danificados ou contraventamentos inadequados. Todos estes aspectos devem ser analisados por alguém com experiência especializada.
Trabalhos concluídos de acordo com os pressupostos do projeto inicial	Na maioria dos casos, o plano de reforço é desenvolvido antes de a instalação solar estar concluída. O plano incorpora o que é normalmente necessário para um tipo específico de instalação num local definido no telhado. A qualidade do reforço e a localização do projeto solar no telhado têm de ser confirmadas.
Detalhes de Oher	Existem outros factores que, por vezes, são tratados pelo fornecedor do painel solar. Os requisitos de elevação (a forma como as calhas são fixadas para que as calhas e os módulos não se desprendam do telhado) são um exemplo. Além disso, a mistura de materiais diferentes pode levar a reacções galvânicas e à deterioração. O proprietário quer saber se o material do telhado, as calhas e os faste-ners funcionam em conjunto sem se deteriorarem prematuramente. Noutros casos, o proprietário quererá confirmar que não existem factores externos que sombreiem o projeto ou que constituam uma fonte de excesso de pó e detritos (por exemplo, uma unidade de ventilação).

Capítulo (6)
Guia perfeito para sistemas solares fotovoltaicos de telhado

6.1. Prefácio

A optoelectrónica é o ramo da eletrónica que se ocupa da conversão da eletricidade em luz e da luz em eletricidade, utilizando materiais semicondutores denominados semicondutores. Os semicondutores são materiais sólidos cristalinos com uma condutividade eléctrica inferior à dos metais, mas superior à dos isoladores. As suas propriedades físicas podem ser modificadas pela exposição a diferentes tipos de luz ou pelo fluxo de corrente eléctrica. Para além da luz visível, formas de radiação como o ultravioleta e o infravermelho, invisíveis ao olho humano, podem afetar as propriedades destes materiais. É um campo em rápido crescimento que combina a eletrónica e a ótica para utilizar a luz no processamento de informação. Basicamente, baseia-se nos fenómenos de interação da luz e de outras formas de radiação electromagnética com materiais semicondutores. Isto torna possível converter sinais eléctricos em ópticos e vice-versa. Os dispositivos optoelectrónicos utilizam efeitos como a fotoeletricidade, a fotovoltaica, a fotoemissão ou a eletroluminescência para detetar, emitir e modular a luz.

A tecnologia optoelectrónica desempenha um papel importante no diagnóstico médico. Neste artigo, é apresentada uma revisão de alguns sensores optoelectrónicos para testes invasivos e não invasivos da saúde humana. É dada especial atenção ao seu princípio de funcionamento básico e à sua utilidade médica. O documento apresenta também a sua própria investigação relacionada com o desenvolvimento de ferramentas para a análise do hálito humano. Foi descrita uma unidade de amostra de ar expirado e um analisador de três biomarcadores gasosos que utiliza espetroscopia de absorção laser concebido para diagnóstico clínico. O analisador está equipado com sensores para a deteção de CO, CH4 e NO. Os sensores funcionam utilizando a espetroscopia de passagem múltipla com método de modulação do comprimento de onda (MUPASS-WMS) e a espetroscopia de reforço da cavidade (CEAS).

A rápida urbanização do mundo conduziu a grandes mudanças na habitação, na utilização dos solos e nos efeitos ambientais. Nestes tempos, a mudança para as energias renováveis para as nossas necessidades de eletricidade é o melhor potencial em termos de investimento e também em termos de resolução da crise energética. No entanto, os terrenos disponíveis para a instalação de grandes sistemas de energias renováveis parecem estar a esgotar-se devido à rápida construção e ao desenvolvimento arquitetónico.

Assim, para ultrapassar estes obstáculos, foi desenvolvido um tipo de sistema solar fotovoltaico (solar PV) que é conhecido como sistema solar PV de telhado. Este é um tipo de sistema solar fotovoltaico que envolve a produção de eletricidade utilizando painéis solares montados nos telhados de edifícios ou estruturas residenciais, comerciais ou industriais.

Os sistemas para telhados incluem módulos solares, inversores, acessórios eléctricos e cabos e sistemas de montagem. Estes sistemas têm normalmente capacidades de potência na ordem dos megawatts. Os edifícios residenciais variam geralmente entre 5 e 20 kW, ao passo que as estruturas/edifícios comerciais têm capacidades de energia que chegam aos 100 kW. Este sistema atenua a necessidade de terrenos adicionais, utilizando os grandes telhados dos edifícios e atenua integralmente as preocupações ambientais.

Podem também ser desenvolvidos como sistemas híbridos, combinando-os com outros componentes de energia, como turbinas eólicas, baterias, geradores, etc., quer se trate de sistemas ligados à rede ou não ligados à rede [1]. Por conseguinte, para esclarecer este sistema e o seu potencial, este artigo abordará os sistemas solares fotovoltaicos de telhado, os seus componentes, as montagens, a exportação da eletricidade produzida e alguns dos seus desafios técnicos.

6.2. Factores que afectam a montagem no telhado

Alguns dos factores que podem afetar o desempenho dos sistemas solares em telhados são mencionados abaixo:

- Latitude
- Condições climatéricas
- Época do ano
- Sombreamento por estruturas adjacentes e/ou vegetação
- Inclinação do telhado
- A orientação dos suportes de telhado
- Fluxo de ar: Mais fluxo de ar é melhor porque ajuda a arrefecer os painéis, o que ajuda a manter os níveis de tensão num nível ótimo. Quanto maior a tensão, maior a potência e a energia de saída, porque

Potência = Tensão x Corrente
Energia = Potência x Tempo

6.3. Componentes de um sistema solar fotovoltaico de telhado

Um sistema solar fotovoltaico de telhado é constituído por vários componentes que têm de ser instalados nos telhados de diferentes estruturas de edifícios. Os componentes que constituem um sistema solar fotovoltaico de telhado são:

Painéis solares: Estes dispositivos são normalmente feitos de silício e são compostos por várias células solares que absorvem a luz solar e utilizam a energia do sol, a energia dos fotões, para gerar eletricidade. Os painéis solares são frequentemente laminados e protegidos por vidro temperado e caixilhos para os proteger de quaisquer danos que possam afetar o desempenho da produção de eletricidade.

Inversores: Os sistemas solares de telhado estão ligados a micro-inversores ou a inversores de cadeia. Estes dispositivos convertem a energia CC do painel em energia CA que pode ser enviada para a rede eléctrica.

Uma imagem de um micro-inversor

Cablagem CC/CA: São os cabos que ligam os painéis entre si e que ligam os painéis aos inversores. Estes cabos e fios não devem ser pendurados nos telhados nem tocar nas superfícies dos telhados para os proteger da degradação e das intempéries.

Grampos de montagem: São normalmente feitos de suportes e parafusos de alumínio e aço inoxidável que fixam os painéis solares ao telhado, às calhas e uns aos outros. Estes grampos variam frequentemente em termos de design para se adaptarem aos diferentes tipos de materiais e orientações do telhado.

Calhas ou estantes: Estas estruturas são frequentemente feitas em orientação paralela ao telhado e são feitas com metais. São niveladas com os telhados para que os painéis possam ser montados de forma segura e uniforme.

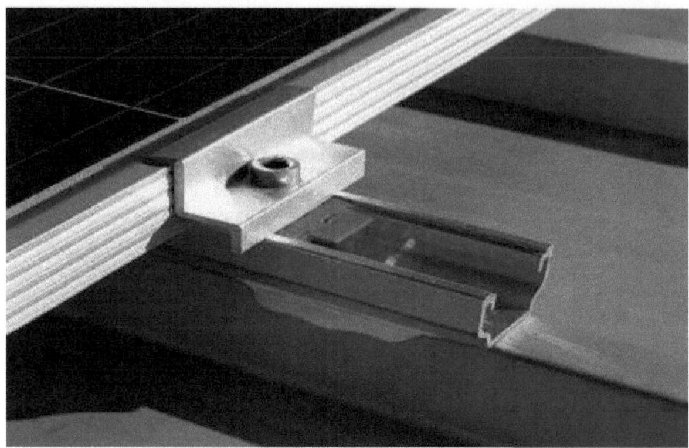

Suportes: Estas estruturas fixam as calhas aos telhados através de parafusos ou de calhas nas vigas ou nas asnas do telhado. Estas estruturas também variam em design para se adaptarem às diferentes configurações e estilos de telhado

Uma imagem de uma estrutura de montagem utilizada para instalações fotovoltaicas

Revestimentos: Trata-se de materiais como placas metálicas que actuam como vedante resistente à água entre os telhados e os suportes para evitar danos causados pela água

Uma imagem da "intermitência" efectuada nos painéis solares dos telhados

6.4. Diferentes tipos de sistemas de montagem em telhados

A montagem de painéis solares nos telhados depende da inclinação do telhado e, no caso de edifícios residenciais, os suportes de telhado estão alinhados com a inclinação do telhado. Para os edifícios comerciais ou industriais, os telhados são frequentemente planos e também existem suportes de telhado para esses sistemas. Estes são abordados de seguida:

- **Suportes de telhado com inclinação acentuada:** Os telhados inclinados requerem suportes que precisam de ser penetrados ou ancorados nos telhados. São comuns para instalações residenciais e são classificados como sistemas de montagem embutida, com calha partilhada e sem calha. Estes sistemas têm normalmente painéis solares orientados horizontalmente ou verticalmente com grampos ligados a calhas. Estas calhas são fixadas no telhado com parafusos e cavilhas.

- **Sistemas de montagem embutida:** Estes sistemas são normalmente montados com cerca de 3-6 polegadas entre o módulo solar e a superfície do telhado. Este espaço entre eles ajuda a mantê-los frios, o que reduz as perdas de tensão devido aos efeitos da temperatura. Os sistemas de montagem embutida são normalmente montados em telhados feitos de telhas de asfalto, telhas, telhas de madeira e telhados de metal, o que os torna versáteis para instalações residenciais. Estes sistemas são impermeabilizados através de um método chamado "Flashing", que consiste na sobreposição de materiais para evitar a entrada de água. Isto cria uma vedação estanque para evitar danos causados pela água no sistema.

Uma imagem de sistemas solares fotovoltaicos de montagem embutida

- **Sistemas de carris partilhados:** Estes sistemas envolvem 4 carris ligados a 2 filas de painéis solares. Há uma calha no meio que é partilhada, e estes sistemas requerem um menor número de penetrações, o que torna a instalação mais rápida. Os painéis instalados nestes sistemas podem ser orientados em qualquer direção e estas calhas, que são fixadas aos painéis, permitem o posicionamento preciso dos painéis na orientação desejada.

Imagem de um sistema solar fotovoltaico de carril partilhado

- **Sistemas sem carris:** Tal como o nome sugere, os painéis solares são diretamente ligados aos parafusos no telhado, em que as estruturas dos painéis funcionam como carris. Estes sistemas têm custos mais baixos devido à menor quantidade de componentes de fabrico e custos de transporte, mas continuam a necessitar da mesma quantidade de acessórios que um sistema de carris partilhados. Os painéis podem ser orientados em qualquer direção e não estão limitados pela rigidez das calhas e o tempo de instalação é mais rápido para estes sistemas.

- **Montagens de telhado de baixa inclinação:** Estas estruturas de telhado são mais comuns em edifícios comerciais ou industriais onde o telhado pode até ser plano. Devido à natureza do telhado, os sistemas fotovoltaicos instalados em tais telhados não têm estruturas e têm apenas laminados fotovoltaicos. Isto porque, se os painéis se sujarem com água suja, neve ou qualquer outro material, a planura ou baixa inclinação do telhado impede que as partículas deslizem para baixo. Se forem utilizados caixilhos, o pó e a sujidade acumular-se-ão perto dos caixilhos, o que aumentará a necessidade de manutenção e reduzirá a potência total. Existem principalmente 2 tipos de suportes de telhado de baixa inclinação e são eles:

    - **Sistemas de penetração:** Estas montagens fixam o sistema de rack a uma parte forte do telhado, utilizando acessórios estruturais, tais como postes, pedestais, suportes ou macacos. As partes fortes do telhado são constituídas por treliças, caibros ou terças que são capazes de suportar o peso dos sistemas fotovoltaicos.

- **Sistemas com balastro:** Estes suportes não são penetrados estruturalmente nos telhados, mas são concebidos de forma a que algo pesado seja colocado no sistema fotovoltaico para o segurar e manter no chão. São frequentemente utilizados materiais como blocos rectangulares de betão, vulgarmente conhecidos como pedras de pavimentação. Os sistemas de lastro são úteis quando o telhado não é capaz de suportar cargas adicionais ou se a localização geográfica for uma região ventosa. Estes sistemas de estantes são também concebidos com deflectores de vento para os manterem estáveis em condições de vento.

- **BIPV e Shingles solares:** Este é o terceiro tipo de sistemas de montagem que envolve a integração de painéis solares nos edifícios para evitar qualquer fixação estrutural. Foi concebido como uma estrutura incorporada que elimina a necessidade de sistemas de montagem. No entanto, embora seja estético e conveniente, estes painéis tendem a funcionar a temperaturas mais elevadas devido ao menor fluxo de ar, o que afectará a eficiência global do sistema fotovoltaico. Também é mais caro, uma vez que não é produzido em massa como outras tecnologias solares. O conceito de BIPV é abordado noutro artigo.

6.5. Exportação de eletricidade para a rede

Possuir um sistema solar fotovoltaico ligado à rede, independentemente de ser montado no solo ou no telhado, pode oferecer oportunidades de enviar a eletricidade gerada para a rede, o que pode levar a 2 tipos de mecanismos:

- **Mecanismo de medição líquida:** Os sistemas solares fotovoltaicos ligados à rede, como os sistemas solares de telhado, podem beneficiar deste tipo de mecanismo em que, se a eletricidade produzida for excessiva, o consumidor pode exportar o excesso de eletricidade para a rede eléctrica. Dependendo da quantidade de energia exportada, o consumidor recebe um crédito em troca. Quando chega a altura do ciclo de faturação, o consumidor só é cobrado pela energia líquida, que é a diferença entre a energia importada e a exportada para a rede eléctrica. É por isso que se designa por "net-metering". Neste mecanismo, não há venda de energia e este mecanismo é utilizado para ajustar a fatura da eletricidade, reduzindo significativamente os custos da fatura. Com o tempo, o consumidor pode também produzir eletricidade gratuitamente.

- **Mecanismo FIT:** Este mecanismo é conhecido como o mecanismo da tarifa de alimentação em que um sistema solar de telhado ligado à rede pode vender a eletricidade gerada à empresa de eletricidade.

A eletricidade vendida pode ser utilizada pela rede noutro local. Os consumidores que possuem esses sistemas solares fotovoltaicos estão a mudar lentamente para este tipo de mecanismo devido ao rendimento das receitas. Este mecanismo também permite que o investidor do instalador seja reembolsado. As empresas de serviços públicos, como a Public Utility Commission, estabelecem uma tarifa normal para a eletricidade que pagam, e esta tarifa pode ser uma tarifa grossista ou uma tarifa retalhista. Em qualquer dos casos, este mecanismo levou a que o período de retorno da energia solar fosse encurtado devido ao maior rendimento das receitas e a procura de instalação de sistemas solares fotovoltaicos aumentou significativamente. A indústria solar fotovoltaica cresceu exponencialmente na última década devido a este mecanismo FIT, devido aos milhares de empregos e receitas que estão a ser gerados apenas com a energia fotovoltaica. Esta indústria também permitiu reduzir as perdas de transmissão devido ao aumento da localização da produção

6.6. Desafios técnicos

As secções anteriores explicaram o potencial dos sistemas solares fotovoltaicos de telhado. No entanto, existem alguns inconvenientes técnicos na assimilação de um grande número de sistemas solares fotovoltaicos em telhados às redes eléctricas. São eles:

- **Taxas de rampa:** Uma vez que os sistemas fotovoltaicos dependem da luz solar, existe uma grande variabilidade na produção de eletricidade. O efeito é mais pronunciado quando há nuvens intermitentes que impedem a produção de eletricidade devido ao bloqueio da luz solar. Isto afecta ainda mais os níveis de tensão no alimentador de distribuição, causando um desequilíbrio nos níveis de tensão e frequência. Na maioria das vezes, esta variabilidade leva a que os níveis de tensão e frequência excedam os limites estabelecidos, a menos que sejam acompanhados por controlos de potência no sistema. Há uma formação de desfasamento de frequências porque os geradores centralizados não conseguem igualar ou "rampa" suficientemente rápido para igualar a variabilidade, levando a apagões. Isto ocorre devido à instabilidade da rede por causa da constante flutuação dos níveis de tensão. Este inconveniente é parcialmente atenuado pela adição de armazenamento e pela distribuição de painéis solares numa área mais vasta do telhado.

- **Fluxo de energia inverso:** Os alimentadores de distribuição são concebidos radialmente para permitir apenas um fluxo de energia unidirecional que é transmitido dos geradores centralizados para as cargas dos clientes. Atualmente, os sistemas solares fotovoltaicos distribuídos e localizados nos telhados conduziram a um fluxo de energia inverso, em que há a possibilidade de a energia fluir de volta para os transformadores e subestações. Isto pode causar impactos negativos significativos na regulação da tensão, na proteção e na coordenação dos dispositivos utilizados para esses sistemas.

Apesar destes inconvenientes, devido aos avanços da tecnologia e à sua deteção atempada, foram desenvolvidos sistemas de monitorização do desempenho que utilizam tecnologia inteligente e IA para contrariar estes efeitos negativos e resolver estas questões em conformidade

Capítulo (7)

Considerações sobre as instalações solares comerciais no telhado e benefícios

7.1. Prefácio

As empresas de todas as dimensões e sectores começaram recentemente a optar por investimentos solares devido às suas vantagens financeiras e ambientais. Se pretender analisar as possibilidades de uma instalação solar em telhados comerciais para a sua empresa, deve obter os conselhos necessários do seu promotor solar.

A instalação solar em telhados para empresas é conhecida como energia solar comercial. A energia solar para telhados comerciais abrange uma vasta gama de projectos raros e tipos de clientes. Os clientes de sistemas solares comerciais podem variar em tamanho, desde pequenas empresas de bairro a grandes corporações, organizações de caridade, universidades, escolas e até governos.

A primeira fase é determinar se o edifício é tecnicamente adequado para a energia fotovoltaica, para facilitar a tomada de decisões. As preocupações para a instalação de energia solar comercial no telhado incluem a orientação do telhado, a sombra, os requisitos de espaço, os requisitos estruturais, os factores de carga/potência, as ligações de serviços públicos e outros factores necessários.

7.1. Instalação solar comercial no telhado

7.1.1. Definição de instalação solar comercial no telhado

A energia solar comercial de telhado é um sistema fotovoltaico que utiliza painéis solares no telhado de um edifício para gerar eletricidade. As muitas partes de um sistema deste tipo incluem módulos fotovoltaicos, fios, inversores solares, sistemas de montagem e outros acessórios eléctricos.

As instalações de energia solar nos telhados são mais pequenas do que as centrais fotovoltaicas à escala de megawatts no solo. Os edifícios têm frequentemente sistemas fotovoltaicos no telhado com uma capacidade de 5 a 20 quilowatts. Mas os edifícios comerciais têm uma potência combinada de, pelo menos, 100 kW.

7.1.2. Factores que afectam a instalação de painéis solares em telhados comerciais

Como parte da avaliação técnica, os proprietários de empresas precisam de considerar o armazenamento de energia para a estrutura. O armazenamento de energia pode fornecer energia de reserva, gestão de custos de energia e gestão da qualidade da energia. Eis alguns factores que deve considerar antes de instalar um sistema solar para telhados comerciais na sua empresa.

- **Estado do seu telhado:** Uma das considerações mais cruciais para os painéis solares montados no telhado quando se decide se deve ou não adotar a energia solar é o estado do telhado. Embora nem todos os sistemas sejam iguais, os sistemas fotovoltaicos são construídos para durar pelo menos 30 anos. Se o telhado do seu edifício tiver de ser reconstruído, isso pode afetar significativamente o retorno do investimento do seu sistema antes de o sistema solar estar totalmente operacional.

  Se o telhado do seu edifício estiver em mau estado, pode pensar em substituí-lo completamente, o que combina bem com um novo sistema de energia solar. É uma oportunidade fantástica para renovar o sistema de cobertura e validar a validade da garantia. Pode também substituir a parte do telhado diretamente por baixo do painel solar.

- **Impacto da instalação solar no telhado:** Se for construída corretamente, uma instalação fotovoltaica no telhado não deve ter um impacto negativo no telhado. As principais preocupações que os proprietários de empresas geralmente têm sobre os sistemas fotovoltaicos em telhados comerciais são os efeitos potenciais que a energia fotovoltaica pode ter sobre as licenças de construção, as operações comerciais e as garantias do telhado.

  O sistema fotovoltaico não afecta a drenagem e outros sistemas do telhado do seu edifício. Um fornecedor fotovoltaico de renome avalia o equipamento atual do telhado e as rotas de drenagem do telhado, concebe o sistema para garantir que não afecta a drenagem e fornece acesso a todos os sistemas do telhado para uma manutenção adequada.

- **Número de painéis fotovoltaicos instalados no telhado:** Existem dois métodos populares para colocar sistemas fotovoltaicos nos telhados de edifícios comerciais:
  - **Estantes fixas:** Monta sistemas fotovoltaicos em qualquer telhado utilizando hardware que penetra no telhado. Existem várias variedades de sistemas de estantes fixas para várias utilizações. A conceção do sistema fotovoltaico, os códigos de construção regionais e a estrutura do telhado terão impacto no número de penetrações necessárias no telhado.

  - **Estantes com balastro:** Fixa os sistemas fotovoltaicos em telhados planos utilizando pesos sub-substanciais, normalmente blocos de betão. Estes sistemas com lastro requerem estudos e avaliações técnicas exaustivas para verificar se as dificuldades do sistema em relação ao vento e à carga morta foram adequadamente resolvidas.

7.1.3. A infraestrutura da eletricidade

Os sistemas solares fotovoltaicos fornecem eletricidade que tem de ser integrada no sistema elétrico do seu edifício. Muitas vezes, a infraestrutura eléctrica de uma instalação não é adequada para sustentar o sistema pretendido, é demasiado difícil de ligar ou está demasiado desactualizada para ser ligada sem exigir alterações significativas.

Deve-se considerar a instalação de energia solar se o equipamento elétrico das suas instalações tiver de ser substituído por estar desatualizado. A energia solar pode ser incorporada na nova maquinaria para reduzir significativamente os custos.

7.1.4. Bombeiros

As empresas fotovoltaicas de renome devem conceber os sistemas fotovoltaicos em conformidade com os regulamentos do Código Internacional de Incêndios de 2015, que exigem espaço aberto nas extremidades e nos picos dos telhados para acesso dos bombeiros. A maioria dos instaladores de painéis solares também apresenta os seus projectos de sistemas fotovoltaicos aos bombeiros locais para aprovação.

7.1.5. Garantia do telhado e cumprimento dos códigos de construção

O fornecedor de energia solar projecta e instala o sistema fotovoltaico de acordo com os requisitos de construção necessários. Um instalador solar de renome entra em contacto com o fabricante original do telhado para confirmar que a instalação de um sistema fotovoltaico não compromete a manutenção do designer do telhado e as obrigações de garantia.

Além disso, o projetista do telhado verifica o sistema fotovoltaico após a instalação para garantir que está em conformidade com o projeto aprovado e que a garantia do telhado ainda é válida. A garantia oferecida pelo instalador solar aplicar-se-á se ocorrerem quaisquer danos no telhado durante a instalação. Antes de instalar um sistema solar no telhado, os fornecedores de energia solar de renome oferecem uma garantia razoável de mão de obra.

7.1.6. Estrutura da instalação

Os painéis solares montados no telhado colocam cargas adicionais na estrutura do telhado. Por conseguinte, a estrutura do edifício deve ser suficientemente forte para suportar este peso. A informação de engenharia dos fabricantes de estantes é utilizada para calcular as cargas e os requisitos dos códigos locais e estatais.

A Coldwell Solar colabora com engenheiros de estruturas licenciados para verificar a capacidade de carga do telhado. Se necessário e prático, também oferecem actualizações estruturais que permitem a instalação de painéis solares.

Há formas de melhorar a estrutura; depende da relação custo-eficácia dessas abordagens e do que o cliente mais valoriza.

7.1.7. Planos para futuras instalações

A energia solar é um recurso valioso que é frequentemente dimensionado e criado especificamente para as caraterísticas da sua empresa. Considere quaisquer potenciais melhorias que planeie fazer nas suas instalações quando instalar um sistema solar.

Por exemplo, o sistema solar deve alargar a área de implantação das suas instalações em termos de conceção e capacidade da infraestrutura, colocação de equipamento e outros factores. A carga numa instalação também pode ser alterada. Pode haver planos para aumentar a automatização, alterar o horário das cargas ou mesmo alterar o objetivo de uma instalação.

É preciso ter o cuidado de informar o seu promotor sobre estes aspectos quando se pensa em energia solar, porque todos eles são considerações essenciais para determinar a dimensão dos painéis solares. As instalações são de todas as formas e tamanhos, mas um promotor solar competente pode facilmente ajudá-lo a avaliar as suas instalações e a criar um plano minucioso de implantação de energia solar de forma segura e económica.

7.1.8. Perfil de carga

Dependendo das leis locais de serviços públicos, o sistema solar fotovoltaico no local será dimensionado para reduzir a quantidade de energia exportada para a rede eléctrica. Isto é conseguido através da correspondência entre o perfil de carga da instalação e o perfil de produção solar por minuto, dia e mês e quando e quanta energia é utilizada. Assim, a instalação é ideal para a energia solar se consumir a maior parte da sua energia durante o dia, quando a produção está no seu pico. No entanto, como não estaria a compensar diretamente a energia, o tamanho do sistema solar fotovoltaico poderá ter de ser ajustado se gerar toda a sua eletricidade de manhã cedo ou à noite.

As tabelas de tarifas e a política de serviços públicos são essenciais em tudo isto. Algumas regulamentações apoiam tanto a energia solar que não precisam de considerar o perfil de carga da instalação. Algumas instalações também podem alterar os seus perfis de carga para aumentar as vantagens da energia solar.

Por exemplo, numa fábrica com vários processos em curso, pode ser possível deslocar as actividades que consomem muita energia para o meio do dia, quando a produção de energia solar está no seu pico e os custos de energia podem ser mais elevados.

7.1.9. Substituição do telhado

O instalador solar inspeccionará o telhado para ver se precisa de ser mudado antes de o sistema fotovoltaico estar concluído. Normalmente, os proprietários de edifícios são aconselhados a substituir o telhado antes de instalar o sistema fotovoltaico para se qualificarem para o imposto solar federal para a substituição do telhado. No entanto, após a instalação de um sistema fotovoltaico, as empresas fotovoltaicas incluem no seu contrato a remoção temporária do sistema fotovoltaico para reparação do telhado.

É essencial ter em conta alguns factores antes de instalar um sistema solar comercial no telhado da sua empresa. Estes factores incluem o estado do seu telhado, o impacto dos painéis no seu sistema de telhado, a estrutura do telhado, o perfil de carga, a forma como os painéis são fixados ao seu sistema de telhado e se a estrutura do telhado facilita aos bombeiros apagar o fogo em caso de emergência.

7.2. Potencial de telhados solares

7.2.1.

O potencial solar de telhados para todo o país é o número de telhados que seriam adequados para energia solar, dependendo do tamanho, sombreamento, direção e localização. O potencial de telhados não é equivalente ao potencial económico ou de mercado da energia solar em telhados - não tem em conta a disponibilidade ou o custo. Pelo contrário, é o limite superior da implantação de energia solar em telhados em todo o país.

O potencial solar de um telhado individual é a quantidade de energia solar que pode ser instalada nesse telhado, com base no seu tamanho, sombreamento, inclinação, localização e construção. Mapas de satélite, dados de irradiância, especificações do equipamento e outros factores informam as propostas que os instaladores apresentam aos clientes para os ajudar a compreender os potenciais custos e benefícios dos painéis solares no seu telhado.

7.2.2. Potencial nacional de telhados

De acordo com uma análise do Laboratório Nacional de Energias Renováveis (NREL) efectuada em 2016, existem mais de 8 mil milhões de metros quadrados de telhados nos quais poderiam ser instalados painéis solares nos Estados Unidos, o que representa mais de 1 terawatt de capacidade solar potencial. Com melhorias na eficiência da conversão solar, o potencial dos telhados no país poderá ser ainda maior. Os telhados residenciais e outros telhados pequenos representam cerca de 65% do potencial nacional de telhados, e 42% dos telhados residenciais são casas com rendimentos baixos a moderados.

O NREL estima que, em média, 3,3 milhões de casas por ano serão construídas ou terão de ser substituídas - o que representa um potencial de cerca de 30 gigawatts (GW) de capacidade solar por ano. Se mesmo uma pequena fração destes novos telhados tivesse instalações solares, isso poderia ter um impacto significativo na produção de energia solar nos EUA.

7.2.3. Potencial individual do telhado

Para telhados individuais, laboratórios nacionais e empresas privadas desenvolveram uma série de ferramentas para estimar a quantidade de energia solar que poderia ser instalada num determinado telhado. As ferramentas descritas abaixo foram financiadas em parte pelo Gabinete de Tecnologias de Energia Solar (SETO) do Departamento de Energia dos EUA, para ajudar os consumidores a iniciar o processo de escolha da energia solar, determinando o potencial solar das suas casas ou empresas.

7.2.4. Energia-Sage

Energy-Sage, um anterior premiado da Incubadora, permite aos proprietários de casas, empresas ou organizações sem fins lucrativos estimar as suas poupanças de energia solar e ligá-los a instaladores pré-selecionados que podem fornecer estimativas específicas para o endereço do utilizador. Os utilizadores podem comparar e selecionar o sistema que melhor se adapta às suas necessidades. As facturas de eletricidade são utilizadas para estimar as potenciais poupanças de energia solar, e o Energy Sage tem vindo a oferecer aos clientes poupanças substanciais em relação a produtos mais convencionais.

7.2.5. PV-Watts

PV-Watts é uma ferramenta online do Laboratório Nacional de Energias Renováveis (NREL) que estima a produção de energia e o custo da eletricidade para sistemas de energia solar fotovoltaica (PV) ligados à rede em todo o mundo. Permite que os proprietários de casas, empresas e organizações sem fins lucrativos desenvolvam facilmente estimativas do desempenho de potenciais instalações fotovoltaicas, com base em mapas online ou em dados fornecidos pelo utilizador. Outra ferramenta online do NREL é o System Advisor Model (SAM), um software gratuito que permite uma análise financeira e de desempenho pormenorizada para sistemas de energia renovável.

7.2.6. Número de sol

Anteriormente premiado pela Incubadora, o Sun Number dá uma pontuação numérica que representa a adequação solar do telhado de um edifício numa escala de 1 a 100, sendo 100 o telhado ideal para a energia solar. As pontuações podem ser acedidas introduzindo um endereço válido numa região onde a análise foi efectuada. A pontuação do Sun Number é criada a partir de imagens aéreas que são processadas com algoritmos próprios para analisar com precisão telhados individuais e com base numa combinação de factores, cada um ponderado de forma única para fornecer uma análise precisa de um telhado. Os factores incluem a forma do telhado, os edifícios circundantes, a vegetação circundante, a variabilidade regional e as condições atmosféricas. A empresa também estabeleceu uma parceria com a Zillow, um fornecedor de serviços de listagem de casas em linha, que culminou com a adição de uma listagem de potencial solar às descrições de mais de 40 milhões de casas.

Capítulo (8)
Sistemas fotovoltaicos flutuantes

8.1. Prefácio

A energia solar flutuante ou fotovoltaica flutuante (FPV), por vezes designada por floatovoltaica, é constituída por painéis solares montados numa estrutura que flutua numa massa de água, normalmente um reservatório ou um lago, como reservatórios de água potável, lagos de pedreiras, canais de irrigação ou lagoas de remediação e de rejeitos [1-5].

Os sistemas podem ter vantagens sobre os sistemas fotovoltaicos (PV) em terra. As superfícies aquáticas podem ser menos dispendiosas do que o custo da terra e existem menos regras e regulamentos para as estruturas construídas em massas de água não utilizadas para fins recreativos. A análise do ciclo de vida indica que os FPV à base de espuma[6] têm um dos tempos de retorno de energia mais curtos (1,3 anos) e o rácio mais baixo de emissões de gases com efeito de estufa em relação à energia (11 kg CO2 eq/MWh) das tecnologias solares fotovoltaicas de silício cristalino registadas [7].

Fotovoltaico flutuante num lago de irrigação.

As matrizes flutuantes podem atingir eficiências mais elevadas do que os painéis fotovoltaicos em terra, porque a água arrefece os painéis. Os painéis podem ter um revestimento especial para evitar a ferrugem ou a corrosão [8].

O mercado desta tecnologia de energias renováveis registou um crescimento rápido desde 2016. As primeiras 20 centrais com capacidades de algumas dezenas de kWp foram construídas entre 2007 e 2013 [9]. A potência instalada passou de 3 GW em 2020 para 13 GW em 2022 [10], ultrapassando a previsão de 10 GW em 2025 [11]. O Banco Mundial estimou que existem 6 600 grandes massas de água adequadas para a energia solar flutuante, com uma capacidade técnica de mais de 4 000 GW se 10% das suas superfícies fossem cobertas com painéis solares [10].

Os custos de um sistema flutuante são cerca de 10-20% superiores aos dos sistemas montados no solo [12-14]. De acordo com um investigador do National Renewable Energy Laboratory (NREL), este aumento deve-se principalmente à necessidade de sistemas de anéis de ancoragem para fixar os painéis na água, o que contribui para tornar as instalações solares flutuantes cerca de 25% mais caras do que as instaladas em terra [15].

8.2. História

Os cidadãos americanos, dinamarqueses, franceses, italianos e japoneses foram os primeiros a registar patentes para a energia solar flutuante. Em Itália, a primeira patente registada relativa a módulos fotovoltaicos sobre a água data de fevereiro de 2008[17].

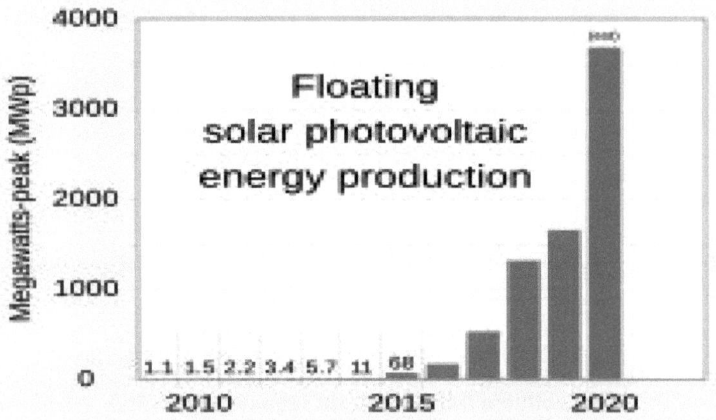

A produção de energia a partir de fontes solares fotovoltaicas flutuantes registou um forte crescimento na última metade da década de 2010, prevendo-se que crescer exponencialmente no início da década de 2020[16].

A primeira instalação solar flutuante foi efectuada em Aichi, no Japão, em 2007, construída pelo Instituto Nacional de Ciência e Tecnologia Industrial Avançada [18].

Em maio de 2008, a adega Far Niente, em Oakville, Califórnia, instalou 994 módulos solares fotovoltaicos com uma capacidade total de 175 kW em 130 pontões e colocou-os a flutuar no lago de irrigação da adega [19]. Nos sete anos seguintes, foram construídos vários parques fotovoltaicos flutuantes de pequena escala. A primeira central à escala de um megawatt foi colocada em funcionamento em julho de 2013 em Okegawa, no Japão. Em 2016, a Kyocera desenvolveu o que era então o maior do mundo, um parque de 13,4 MW no reservatório acima da barragem de Yamakura, na prefeitura de Chiba [20], utilizando 50 000 painéis solares [21, 22]. A central de Huainan, inaugurada em maio de 2017 na China, ocupa mais de 800 000 m2 num antigo lago de pedreira, com capacidade para produzir até 40 MW [23].

Estão também a ser construídas explorações flutuantes resistentes à água salgada para utilização no oceano [24].

Os painéis solares flutuantes estão a ganhar popularidade, em particular em países onde a ocupação do solo e as legislações relativas ao impacto ambiental estão a impedir o aumento das capacidades de produção de energia renovável.

A capacidade instalada global ultrapassou 1,0 GW em 2018 e atingiu 13 GW em 2022, principalmente na Ásia [10]. Um promotor de projectos, a Baywar.e., comunicou outros 28 GW de projectos planeados [10].

8.3. Instalação

O processo de construção de um projeto solar flutuante inclui a instalação de âncoras e cabos de amarração que se prendem ao leito da água ou à costa, a montagem de flutuadores e painéis em filas e secções em terra e, em seguida, a puxação das secções por barco para os cabos de amarração e a sua fixação no local [25].

8.4. Vantagens

Há várias razões para esta evolução:

- **Sem ocupação de terreno:** A principal vantagem das centrais fotovoltaicas flutuantes é que não ocupam qualquer terreno, exceto as superfícies limitadas necessárias para o armário elétrico e as ligações à rede. O seu preço é comparável ao das centrais terrestres, mas a energia fotovoltaica flutuante constitui uma boa forma de evitar o consumo de terrenos[26].

- **Instalação, desativação e manutenção:** As centrais fotovoltaicas flutuantes são mais compactas do que as centrais terrestres, a sua gestão é mais simples e a sua construção e desmantelamento são diretos. O ponto principal é que não existem estruturas fixas como as fundações utilizadas numa central em terra, pelo que a sua instalação pode ser totalmente reversível. Para além disso, os painéis instalados em bacias hidrográficas requerem menos manutenção, em especial quando comparados com a instalação em terrenos com solo poeirento. Como as matrizes são montadas num único ponto em terra antes de serem deslocadas para o local, as instalações podem ser mais rápidas do que as matrizes instaladas no solo [10].

- **Conservação da água e qualidade da água:** A cobertura parcial das bacias hidrográficas pode reduzir a evaporação da água [27]. Este resultado depende das condições climáticas e da percentagem da superfície coberta. Em climas áridos, como partes da Índia, esta é uma vantagem importante, uma vez que se poupa cerca de 30% da evaporação da superfície coberta [28]. Este valor pode ser superior na Austrália, e é uma caraterística muito útil se a bacia for utilizada para fins de irrigação [29, 30]. A conservação da água através de FPV é substancial e pode ser utilizada para proteger lagos naturais terminais em vias de desaparecimento [31] e outras massas de água doce [32].

- **Aumento da eficiência do painel devido ao arrefecimento:** o efeito de arrefecimento da água perto dos painéis FV leva a um ganho de energia que varia entre 5% e 15% [33-35]. O arrefecimento natural pode ser aumentado através de uma camada de água sobre os módulos FV ou submergindo-os, o chamado SP2 (Submerged Photovoltaic Solar Panel) [36].

- **Seguimento:** As grandes plataformas flutuantes podem ser facilmente rodadas na horizontal e na vertical para permitir o seguimento do sol (semelhante aos girassóis). A deslocação dos painéis solares consome pouca energia e não necessita de um aparelho mecânico complexo como as centrais fotovoltaicas em terra. Equipar uma central fotovoltaica flutuante com um sistema de seguimento custa pouco mais, enquanto o ganho de energia pode variar entre 15% e 25% [37].

- **Controlo ambiental:** A proliferação de algas, um problema grave nos países industrializados, pode ser reduzida quando mais de 40% da superfície é coberta [38]. A cobertura das bacias hidrográficas reduz a luz logo abaixo da superfície, reduzindo a fotossíntese e o crescimento das algas. O controlo ativo da poluição continua a ser importante para a gestão da água [39].

- **Utilização de áreas já exploradas pela atividade humana:** As centrais solares flutuantes podem ser instaladas sobre bacias hidrográficas criadas artificialmente, como poços de minas inundados [40] ou centrais hidroeléctricas. Desta forma, é possível explorar áreas já influenciadas pela atividade humana para aumentar o impacto e o rendimento de uma determinada área em vez de utilizar outras terras.

8.5. Hibridação com centrais hidroeléctricas

A energia solar flutuante é frequentemente instalada em centrais hidroeléctricas existentes [41]. Isto permite benefícios adicionais e reduções de custos, como a utilização das linhas de transmissão e infra-estruturas de distribuição existentes [42]. O FPV constitui um meio potencialmente rentável de reduzir a evaporação da água nas massas de água doce em risco no mundo. Além disso, é possível instalar painéis fotovoltaicos flutuantes nas bacias hidrográficas de centrais hidroeléctricas de acumulação por bombagem.

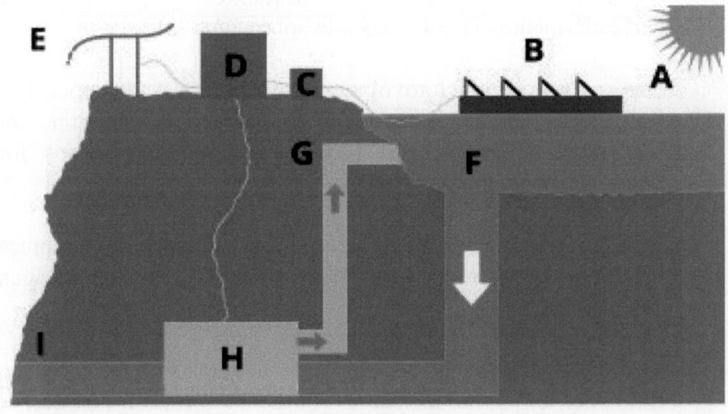

•

A: Sol. B: Painéis solares flutuantes. C: Inversor. D: Armário de ligação eléctrica. E: Rede eléctrica. F: Entrada de água. G: Bomba canal de água. H: Corpo da bomba/turbina. I: descarga.

A hibridação de energia solar fotovoltaica com armazenamento por bombagem é benéfica para aumentar a capacidade das duas centrais combinadas, porque a central hidroelétrica por bombagem pode ser utilizada para armazenar a quantidade elevada mas instável de eletricidade proveniente da energia solar fotovoltaica, fazendo com que a bacia hidrográfica funcione como uma bateria para a central solar fotovoltaica [43]. Por exemplo, um estudo de caso do Lago Mead concluiu que se 10% do lago fosse coberto com FPV, haveria água conservada e eletricidade gerada suficientes para servir Las Vegas e Reno juntas [32]. Com uma cobertura de 50%, a FPV forneceria mais de 127 TWh de eletricidade solar limpa e 633,22 milhões de m3 de água poupada, o que forneceria eletricidade suficiente para reformar 11% das centrais a carvão poluentes nos EUA e forneceria água a mais de cinco milhões de americanos, anualmente [32].

8.6. Desvantagens

A energia solar flutuante apresenta vários desafios aos projectistas [44-47]:

- **Segurança eléctrica e fiabilidade a longo prazo dos componentes do sistema:** Operando sobre a água durante toda a sua vida útil, o sistema deve ter uma resistência à corrosão significativamente maior e capacidades de flutuação a longo prazo (flutuadores redundantes, resilientes e distribuídos), particularmente quando instalado sobre água salgada.

- **Ondas:** O sistema fotovoltaico flutuante (fios, ligações físicas, flutuadores, painéis) tem de ser capaz de suportar ventos relativamente mais fortes (do que em terra) e ondas fortes, particularmente em instalações ao largo ou perto da costa.

- **Complexidade da manutenção:** As actividades de exploração e manutenção são, regra geral, mais difíceis de realizar na água do que em terra.

- **Complexidade da tecnologia flutuante:** Os painéis fotovoltaicos flutuantes têm de ser instalados sobre plataformas flutuantes, como pontões ou pêras flutuantes. Esta tecnologia não foi inicialmente desenvolvida para acomodar módulos solares, pelo que tem de ser concebida especificamente para esse fim.

- **Complexidade da tecnologia de ancoragem:** A ancoragem dos painéis flutuantes é fundamental para evitar uma variação abrupta da posição dos painéis, o que prejudicaria a produção. A tecnologia de ancoragem é bem conhecida e estabelecida quando aplicada a barcos ou outros objectos flutuantes, mas precisa de ser adaptada à utilização com PV flutuante. Tempestades severas têm causado a falha de sistemas flutuantes e os sistemas de ancoragem devem ser desenvolvidos tendo em conta estes riscos [48].

- **Conflitos de uso social:** A cobertura de massas de água com painéis flutuantes pode interferir com as utilizações sociais. Por exemplo, a cobertura de albufeiras utilizadas para a pesca pode prejudicar as populações locais que dependem dessa pesca. O impacto dos painéis flutuantes na paisagem pode fazer baixar os preços das propriedades, provocando a oposição dos proprietários vizinhos [49].

- **Desafios ecológicos:** A sombra de massas de água pode inibir a proliferação de algas nocivas, mas a sombra de painéis fotovoltaicos flutuantes pode causar danos ecológicos através da inibição da fotossíntese e da alteração do comportamento de peixes e zooplâncton sensíveis à luz. Além disso, a emissão de luz polarizada pelos sistemas fotovoltaicos pode afetar animais sensíveis à luz polarizada, como muitos insectos, aves ou anfíbios [50].

8.7. As maiores instalações solares flutuantes

Centrais fotovoltaicas flutuantes (5 MW ou mais) [51]					
Central eléctrica fotovoltaica	**Localização**	**País**	**Potência nominal**	**Ano**	**Ref.**
Anhui Fuyang Southern Eólica-solar-armazenamento	Fuyang, Anhui	China	650	2023	
Wenzhou Taihan	Wenzhou, Zhejiang	China	550	2021	[53]
Changbing	Changhua	Taiwan	440		[54, 55]

DezhouDingzhuang	Dezhou, Shandong	China	320		[56, 57]
Cirata	Purwakarta, Java Ocidental	Indonésia	192	2023	[58]
Três Gargantas	Cidade de Huainan, Anhui	China	150	2019	[57, 59]
NTPC (BHEL)	Peddapalli, Telangana	Índia	145		
Xinji Huainan	Xinji Huainan	China	102	2017	[59]
YuanjiangYiyang	Yiyang, Hunan	China	100	2019	[59]
NTPC Kayamkulam	Kayamkulam, Kerala	Índia	92		[13]
Parque solar flutuante de Omkareshwar	Khandwa, Madhya Pradesh	Índia	90	2024	[60]
CECEP	Suzhou, Anhui	China	70	2019	[57, 61]
Tengeh		Singapura	60	2021	[62, 63]
Parque Industrial 304	Prachinburi	Tailândia	60	2023	[64]
HuanchengJining	HuanchengJining	China	50	2018	[59]
Reservatório de Da Mi	Província de BinhThuan	Vietname	47.5	2019	[65]
Sirindhorn Barragem	UbonRatchathani	Tailândia	45	2021	[66, 67]
Barragem de Hapcheon	Gyeongsang do Sul	Coreia do Sul	40		[68]
Anhui GCL		China	32		[69]
Reservatório de HaBonim	Ma'ayanTzvi	Israel	31	2023	[70]
NTPC Simhadri (BHEL)	Vizag, Andhra Pradesh	Índia	25		
UbolRatana Barragem	KhonKaen	Tailândia	24	2024	[71]
NTPC Kayamkulam (BHEL)	Kayamkulam, Kerala	Índia	22		[72]
Antigo local de extração de areia	Grafenwörth	Áustria	24.5	2023	[73]
QintangGuigang	Guping Guangxi	China	20	2016	[59]
Lazer	Altos-Alpes	França	20	2023	[74]
Burgata		Israel	13.5	2022	[75]

NJAW Canoe Brook	Millburn, Nova Jersey	EUA	8.9	202 2	[76, 77]

8.8. Principais soluções fotovoltaicas flutuantes com impacto na indústria energética

8.8.1. Prefácio

Os nossos analistas de inovação analisaram recentemente as tecnologias emergentes e as startups em ascensão que trabalham em soluções para o sector da energia. Como existe um grande número de startups a trabalhar numa grande variedade de soluções, queremos partilhar as nossas ideias consigo. Desta vez, estamos a analisar 5 soluções fotovoltaicas flutuantes promissoras.

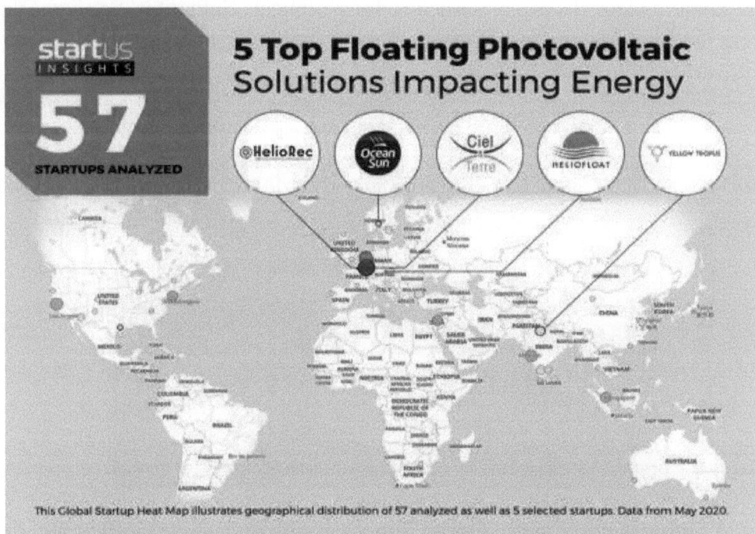

Mapa de calor: 5 principais soluções fotovoltaicas flutuantes

Utilizando a nossa plataforma StartUs Insights, que abrange mais de 1.116.000 startups e empresas emergentes, analisámos a inovação no domínio da energia fotovoltaica (PV). Para esta pesquisa, identificámos 57 soluções relevantes e escolhemos 5 para apresentar abaixo. Estas empresas foram escolhidas com base numa abordagem de prospeção de startups orientada por dados, tendo em conta factores como a localização, o ano de fundação e a tecnologia, entre outros. Dependendo dos seus critérios específicos, as principais escolhas podem ser completamente diferentes.

O Global Startup Heat Map abaixo destaca 5 startups e empresas emergentes que desenvolvem soluções fotovoltaicas flutuantes. Além disso, o Mapa de Calor revela regiões que observam uma elevada atividade de arranque e ilustra a distribuição geográfica de todas as 57 empresas que analisámos para este tópico específico.

8.8.2. Ocean Sun - Solução fotovoltaica flutuante e flexível

Uma central solar em terra requer muito espaço para ser instalada, enquanto as centrais fotovoltaicas flutuantes são mais compactas e fáceis de gerir. Os sistemas fotovoltaicos flutuantes flexíveis necessitam de menos infra-estruturas e o conjunto é mantido em contacto estreito com a superfície da água devido à tensão superficial. Esta tecnologia aumenta a fiabilidade sem afetar o desempenho elétrico do sistema fotovoltaico flutuante. Além disso, as soluções fotovoltaicas flutuantes flexíveis de película fina ajustam-se ao movimento das ondas e captam a radiação solar em vários ângulos de incidência.

A empresa norueguesa Ocean Sun apresenta uma solução eficiente, de baixo custo e duradoura para a produção de energia solar flutuante. A tecnologia da empresa baseia-se em módulos solares de silício modificados, instalados em estruturas flutuantes flexíveis. Com a ajuda de uma membrana não permeável patenteada, as unidades flutuantes baseiam-se em módulos de silício cristalino de vidro duplo de tipo utilitário. Além disso, os módulos são fixados de forma rápida e segura à membrana através de um mecanismo de fixação único. Isto permite um melhor contacto térmico com o corpo de água. Adicionalmente, a startup oferece uma caixa de junção personalizada, cabos e caraterísticas de fixação.

8.8.3. Yellow Tropus - Solução fotovoltaica flutuante submersa

Ao absorverem energia, os painéis solares estão expostos a sobreaquecimento. Os módulos fotovoltaicos submersos permitem a implementação de um mecanismo de arrefecimento natural através da geração de uma camada de água e, consequentemente, aumentam a produção de energia do painel solar fotovoltaico submerso (SP2s). As principais razões que levam a um aumento da eficiência são a redução da reflexão da luz e a ausência de desvio térmico.

A empresa indiana Yellow Tropus constrói centrais solares fotovoltaicas flutuantes submersas com uma inclinação fixa para maximizar a relação custo-eficácia e a eficiência do espaço. Esta tecnologia proporciona uma elevada densidade energética e não requer construção no local. A central de energia solar fotovoltaica flutuante submersa aplica designs aerodinâmicos com uma circulação de ar melhorada que facilita o arrefecimento evaporativo natural.

8.8.4. HELIOFLOAT - Energia solar concentrada flutuante (CSP)

Em comparação com a produção de energia solar concentrada em terra, as centrais CSP flutuantes utilizam todo o potencial do sol devido a problemas de sombreamento insignificantes. As instalações flutuantes reduzem a utilização do espaço, resultando num sombreamento mínimo, e permitem o arrefecimento natural dos painéis solares. Como resultado, as centrais CSP flutuantes melhoram a eficiência e reduzem o stress do sistema.

A startup austríaca HELIOFLOAT fornece um sistema de plataforma solar concentrada flutuante para aplicações offshore. A aplicação CSP flutuante tem uma elevada estabilidade de natação e garante que a plataforma é totalmente móvel, sem a liderança exclusiva de cada espelho. Além disso, a empresa também fornece múltiplas plataformas combinadas com uma unidade operacional central que inclui uma turbina, condensador, bombas e armazenamento térmico opcional. A utilização do sistema de seguimento azimutal ajuda a plataforma a seguir o sol e a manter o ângulo ideal para absorver a energia óptima em qualquer momento do dia.

8.8.5. HelioRec - Sistemas solares fotovoltaicos ligados à energia hidroelétrica

Em comparação com a produção tradicional de energia solar, os sistemas solares flutuantes ligados à energia hidroelétrica maximizam a utilização dos recursos através da combinação de duas poderosas fontes de energia renováveis. Esta sinergia permite gerar mais energia, aumentando os benefícios económicos, e também resolve problemas ambientais. O acoplamento da energia fotovoltaica ao sistema hidroelétrico resulta numa produção eficaz de energia solar enquanto o reservatório armazena água. Esta energia armazenada é libertada durante os picos de procura para manter o fornecimento constante de energia renovável.

A empresa francesa HelioRec executa projectos solares complexos de ponta a ponta ligados à energia hidroelétrica. As soluções de conceção únicas da empresa permitem-lhe reduzir a pegada de carbono e produzir uma fonte de produção de energia rápida de implementar e rentável. A HelioRec efectua um estudo de viabilidade com diagnóstico topográfico da massa de água para fornecer estimativas de rendimento hidroelétrico, diagnóstico de evacuação da rede, diagnóstico técnico e de ancoragem, configuração final da central e um balanço provisório com um projeto de orçamento. Além disso, a empresa utiliza plástico reciclado para fabricar centrais híbridas hidroeléctricas solares flutuantes.

8.8.6. Ciel& Terre - Solução fotovoltaica flutuante baseada no seguimento

As centrais fotovoltaicas terrestres conduzem a um desperdício de energia e implicam aparelhos mecânicos complexos. As plataformas flutuantes equipadas com sistemas de seguimento permitem o seguimento do eixo vertical das células solares, possibilitando uma exposição constante à luz solar. Consequentemente, esta tecnologia permite produzir uma maior quantidade de eletricidade, acrescentando uma função de seguimento do sol em tempo real ao módulo fotovoltaico.

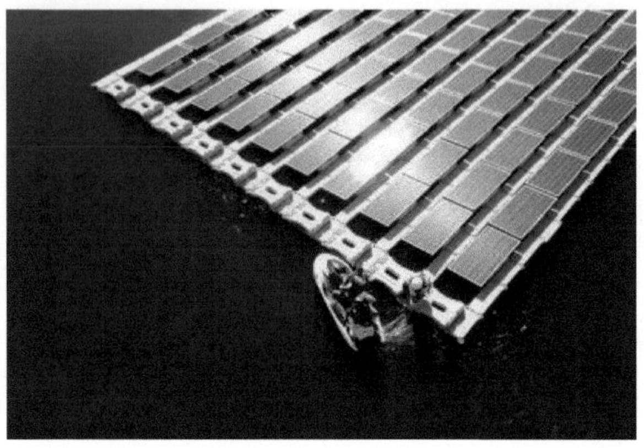

A empresa francesa Ciel&Terre concebe e constrói plataformas flutuantes de micro-rede solar que recolhem, armazenam e redistribuem energia renovável. O conceito fotovoltaico HYDRELIO, baseado na água, combina fontes de energia hidroelétrica e solar para poupar energia hidroelétrica em períodos intermitentes, quando a procura de energia é elevada. Além disso, estes sistemas flutuantes de produção de energia solar são capazes de seguir o movimento do sol para melhorar o processo de produção e armazenamento de energia.

8.9. Referências

[1]. "Kyocera e parceiros anunciam Fábrica fotovoltaica na prefeitura de Hyogo, Japão".
SolarServer.com. 4 de setembro de 2014. Arquivado do original em 24
setembro de 2015. Recuperado em 11 de junho de 2016.
[2]. "Ficar sem um terreno precioso? Solução para sistemas solares fotovoltaicos flutuantes".
EnergyWorld.com. 7 de novembro de 2013. Arquivado do original em 26
dezembro de 2014. Recuperado em 11 de junho de 2016.
[3]. "Vikram Solar comissiona a primeira central fotovoltaica flutuante da Índia".
SolarServer.com. 13 de janeiro de 2015. Arquivado em 2 de março de 2015.
[4]. "Central de energia solar flutuante de girassol na Coreia". CleanTechnica. 21
dezembro de 2014. Arquivado em 15 de maio de 2016. Recuperado em 11 de junho de 2016.

[5]. "Com falta de terreno, Singapura opta por sistemas de energia solar flutuantes".
CleanTechnica. 5 de maio de 2014. Arquivado em 14 de março de 2016. Recuperado em 11
junho de 2016.
[6]. Mayville, Pierce; Patil, Neha Vijay; Pearce, Joshua M. (2020-12-01).
"Fabrico distribuído de módulos fotovoltaicos flutuantes flexíveis pós-venda".
Sustainable Energy Technologies and Assessments. 42: 100830.
[7]. Hayibo, KoamiSoulemane; Mayville, P.; Pearce, Joshua M. (2022-03-01).
"A energia solar mais ecológica? Avaliação do ciclo de vida da espuma floatovoltaica".
Energia Sustentável e Combustíveis. 6 (5): 1398-1413.
[8]. Goode, Erica (2016). "Novas usinas solares geram energia verde flutuante".
The New York Times. ISSN 0362-4331. Recuperado em 2023-01-25.
[9]. Trapani, Kim; RedónSantafé, Miguel (2015).
"Uma análise das instalações fotovoltaicas flutuantes: 2007-2013". Progresso em
Fotovoltaicos: Investigação e Aplicações. 23 (4): 524-532
[10]. "Floating Solar Panels Turn Old Industrial Green Energy Goldmines".
Bloomberg.com. 2023-08-03. Recuperado em 2023-08-03.
[11]. Hopson, Christopher (2020-10-15).
"A energia solar flutuante está a tornar-se global com mais 10 GW até 2025: Fitch | Recharge".
Recharge | Últimas notícias sobre energias renováveis. Recuperado em 2021-10-18.
[12]. Martín, José Rojo (2019-10-27).
"A BayWar.e. contribui para a conclusão de um projeto europeu de energia solar flutuante".
Tecnologia fotovoltaica. Arquivado do original em 11/11/2019. Recuperado em 11/11/2019.
[13]. "Muito popular na Ásia, a energia solar flutuante está a ganhar terreno nos EUA". AP NEWS. 2023-
05-10. Recuperado em 2023-05-11.
[14]. Ludt, B. (2023). "As estantes flutuantes transformam a água num local solar ideal". Solar
Power World. Recuperado em 2024-07-15.

[15]. "Como os painéis solares flutuantes estão a ser utilizados para alimentar as redes eléctricas".
Bloomberg.com. 2023-03-07. Recuperado em 2024-04-21.
[16]. Cazzaniga, Raniero; Rosa-Clot, Marco (1 de maio de 2021).
"A expansão da energia fotovoltaica flutuante". Solar Energy. 219: 3-10
[17]. M. Rosa-Clot e P. Rosa-Clot (2008).
"Suporte e método para aumentar a eficiência do PV- por imersão".
Patente italiana PI2008A000088.
[18]. power.nridigital.com. 22 de fevereiro de 2021. Recuperado em 2023-03-14.
[19]. "Adega passa a usar energia solar com Floatovoltaics". SFGate. 29 de maio
2008. Arquivado do original em 7 de maio de 2013. Recuperado em 31 de maio de 2013.
[20]. "Barragem de Yamakura na prefeitura de Chiba". Fundação da Barragem do Japão.
Arquivado do original em 2 de fevereiro de 2015. Recuperado em 1 de fevereiro de 2015.
[21]. Kyocera e Century Tokyo Leasing para na prefeitura de Chiba, Japão .
Arquivado 25 de junho de 2016 no Máquina Wayback, Kyocera, 22 de dezembro de 2014.
[22]. Novas centrais solares geram energia verde flutuante Arquivado 28 dezembro
2016 at the Wayback Machine NYT 20 de maio de 2016
[23]. "A maior central de energia solar flutuante do mundo entra em funcionamento na China".
mashable.france24.com. 26 de maio de 2017. Recuperado em 10 de junho de 2017.
[24]. Painéis solares que flutuam na água podem abastecer as casas do Japão Arquivado 11
junho de 2016 no Máquina Wayback, National Geographic, Bryan Lufkin, 16
janeiro de 2015
[25]. Liu, Gang; Guo, Jiamin; Peng, Huanghua; Ping, Huan; Ma, Qiang (2024).
"Revisão dos recentes sistemas fotovoltaicos flutuantes offshore". Revista de
Marine Science and Engineering. 12 (11): 1942.
[26]. R. Cazzaniga, M. Rosa-Clot, P. Rosa-Clot e G. M. Tina (2018).
"Potencial Fotovoltaico Flutuante Geográfico e Técnico".
Ciência da energia térmica.

[27]. "Floating PV; an assessment of water quality and semi-arid regions".
[28]. "Os painéis solares flutuantes funcionam melhor?".
[29]. Taboada, M.E.; Cáceres, L.; Graber, T.A.; Galleguillos, H.R.; Cabeza, L.F.;
Rojas, R. (2017). Renewable Energy. 105: 601 615.
Bibcode:2017REne.105.601T.
[30]. Hassan, M.M. e Peyrson W.L. (2016).
"Atenuação da evaporação através de dispositivos modulares flutuantes". Terra e
Ciência Ambiental. 35 (1): 012022.
[31]. Hayibo, KoamiSoulemane; Pearce, Joshua M. (2022-04-01).
"FloatoPV à base de espuma: potencial solução para o desaparecimento de lagos naturais".
Renewable Energy. 188: 859-872.
[32]. Hayibo, KoamiSoulemane; Mayville, Pierce; Kailey, RavneetKaur; Pearce,
Joshua M. (janeiro de 2020).
"Water Conservation Potential of Self- Surface-Mounted Floatovoltaics".
Energias. 13 (23): 6285. doi:10.3390/en13236285. ISSN 1996-1073.
[33]. Choi, Y.-K. e N.-H. Lee (2013).
"Investigação empírica sobre a eficiência dos sistemas fotovoltaicos flutuantes em terra".
Actas da Conferência CES-CUBE.
[34]. "Floating Solar On Pumped Hydro: A gestão da evaporação é um bónus".
CleanTechnica. 27 de dezembro de 2019.
[35]. "Floating Solar On Pumped Hydro: Better Challenging Engineering".
CleanTechnica. 27 de dezembro de 2019.
[36]. Choi, Y.K. (2014).
"Um estudo sobre a análise da produção de energia no impacto ambiental flutuante".
Int. J. Softw. Eng. Appl. 8: 75-84.
[37]. R. Cazzaniga, M. Cicu, M. Rosa-Clot, P. Rosa-Clot, G. M. Tina e C.
Ventura (2018).
"Centrais fotovoltaicas flutuantes: análise do desempenho e soluções de conceção".
Renewable and Sustainable Reviews. 81: 1730-1741.

[38]. Pouran, Hamid M.; Padilha Campos Lopes, Mariana; Nogueira, Tainan;
AlvesCasteloBranco, David; Sheng, Yong (2022-11-18).
"Impactos ambientais e técnicos da tecnologia de energia limpa flutuante".
iScience. 25 (11): 105253.
[39]. Trapani, K. e Millar, B. (2016).
"Matrizes fotovoltaicas flutuantes para alimentar a indústria mineira: (anel de fogo)".
Energia Sustentável. 35 (3): 898-905
[40]. Song, Jinyoung; Choi, Yosoon (2016-02-10). Energias. 9 (2):
102. doi:10.3390/en9020102.
[41]. Grupo do Banco Mundial, ESMAP e SERIS. 2018.
Onde o sol encontra a água: Floating Solar Market Report-Executive Summary.
Washington, DC: Banco Mundial.
[42]. Rauf, Huzaifa; Gull, Muhammad Shuzub; Arshad, Naveed (2019-02-01).
"Integração da energia solar fotovoltaica flutuante no reservatório de Barotha, no Paquistão".
Energy Procedia. Soluções inovadoras para transições energéticas. 158: 816-
821
[43]. Cazzaniga, Raniero; Rosa-Clot, Marco; Rosa-Clot, Paolo (2019-06-15).
"Integração de PV flutuante com centrais hidroeléctricas".
Heliyon. 5 (6):e0191.
[44]. Sistemas solares flutuantes (PV): porque é que estão a descolar. Por Dricus De Rooij,
5 de agosto de 2015
[45]. Where Sun Meets Water, Relatório sobre o mercado solar flutuante. Banco Mundial, 2019.
[46]. A energia solar flutuante é mais do que painéis numa plataforma - é hidroelétrica
ssymbiont | ArsTechnica
[47]. Yahoo News, 13 de abril de 2024
[48]. "Tempestade danifica a maior central solar flutuante do mundo em Madhya Pradesh".
The Times of India. 15 de abril de 2024.
[49]. Almeida, Rafael M.; Schmitt, Rafael; Grodsky, Steven M.; Flecker,
Alexander S.; Gomes, Carla P.; Zhao, Lu; Liu, Haohui; Barros, Nathan;
Kelman, Rafael; McIntyre, Peter B. (junho de 2022).

"A energia solar flutuante pode ajudar a combater as alterações climáticas - vamos fazer as coisas bem feitas".
Natureza. 606 (7913): 246-249.
[50]. Benjamins, Steven; Williamson, Benjamin; Billing, Suzannah-Lynn; Yuan,
Zhiming; Collu, Maurizio; Fox, Clive; Hobbs, Laura; Masden, Elizabeth A.;
Cottier-Cook, Elizabeth J.; Wilson, Ben (2024-07-01).
"Potenciais impactos ambientais dos sistemas solares fotovoltaicos flutuantes".
Renewable and Sustainable Energy Reviews. 199: 114463
[51]. "Top 50 Operational Floating Solar Projects". SolarPlaza. Recuperado em 2023-
06-07.
[52]. Note-se que a potência nominal pode ser AC ou DC, consoante a instalação.
Archived 2011-01-19 at the Wayback Machine
[53]. Garanovic, Amir (2021-12-20).
"China liga 550MW de rede eléctrica de aquacultura solar flutuante combinada".
Energia offshore. Recuperado em 2023-08-16.
[54]. "Changbing, TAIWAN". Cielet Terre. Recuperado em 2023-05-11.
[55]. "Hexa, Ciel & Terre completam a extensão de Taiwan". 20 de fevereiro de 2024.
[56]. Lee, Andrew (5 de janeiro de 2022).
"'Smooth operator': a maior central solar flutuante do mundo com energia eólica e armazenamento".
Recharge | Últimas notícias sobre energias renováveis. Arquivado do original em 11
março de 2022.
[57]. "5 Largest Floating Solar Farms in the World in 2022". YSG Solar. 20
janeiro de 2022.
[58]. "Jokowi inaugura o maior parque solar flutuante do Sudeste Asiático". O
Jakarta Post. Recuperado em 2023-11-09.
[59]. "Sistema fotovoltaico flutuante - Instaladores comerciais de energia solar fotovoltaica".
pt.sungrowpower.com. Recuperado em 2023-03-14.
[60]. "O maior projeto solar flutuante do Norte da Índia entrou em funcionamento em Omkareshwar".
Business Standard.

[61]. "Anhui CECEP, CHINA". Cielet Terre. Recuperado em 2023-02-16.
[62]. Martín, José Rojo (2019-06-06). "Empresa de abastecimento de água de Singapura aposta em PV flutuante de mais de 50MW". PV Tech.
[63]. "Singapura lança parque solar flutuante de grande escala no reservatório de Tengeh". www.datacenterdynamics.com. 27 de julho de 2021. Arquivado em 6 de agosto de 2021.
[64]. Garanovic, Amir (2023-05-08). "Parque solar flutuante de vários megawatts entra em funcionamento na Tailândia". Offshore Energia. Recuperado em 2023-05-11.
[65]. "Central Solar Flutuante Da Mi ligada com sucesso à rede". pt.evn.com.vn. Recuperado em 2023-06-07.
[66]. "Tailândia liga central solar flutuante de 45MW, planeia mais 15". RenewEconomy. 11 de novembro de 2021.
[67]. "O enorme parque solar flutuante da Tailândia funda o futuro sem emissões". ZME Science. 10 de março de 2022.
[68]. "Flores solares flutuantes gigantes oferecem esperança para a Coreia viciada em carvão". Bloomberg.com. 2022-02-28. Recuperado em 2023-03-14.
[69]. "Anhui GCL, CHINA". Cielet Terre. Recuperado em 2023-02-16.
[70]. Largue, Pamela (2023-09-13). "Teralight de Israel inaugura projeto solar flutuante de 31MW". Energia Engenharia Internacional. Recuperado em 2023-09-18.
[71]. EGAT - Electricity Generating Authority of Thailand. 2024-03-06. Arquivado do original em 2024-03-23. Recuperado em 2024-03-23.
[72]. "NTPC Kayamkulam, Índia". Cielet Terre. Recuperado em 2023-02-16.
[73]. Garanovic, Amir (2023-02-21). "BayWar.e. constrói a maior central solar flutuante da Europa Central". Offshore Energia. Recuperado em 2023-02-22.
[74]. Dasgupta, Tina (2023-07-06). "O Grupo EDF revela a 1ª central solar flutuante Lazer, Hautes-Alpes". SolarQuarter. Recuperado em 2023-07-07.
[75]. "Profloating". www.profloating.nl. Recuperado em 2023-08-22.
[76]. "16.510 - Número do dia". NJ Spotlight News.
[77]. "Canoe Brook, EUA". Cielet Terre. Recuperado em 2023-02-16.

Capítulo (9)
Células fotovoltaicas no espaço

9.1. Prefácio

Com um número crescente de empresas privadas a investir em viagens espaciais, exploração e investigação, este sector está em expansão, tendo duplicado de tamanho na última década. Um componente fundamental para as naves espaciais são as células solares fotovoltaicas: esta tecnologia aproveita a radiação do sol para gerar energia. No entanto, estas células solares necessitam de proteção contra a radiação, que é assegurada pelo vidro de cobertura das células solares.

9.2. Geração de energia para missões sob as condições mais adversas

O espaço é um dos ambientes mais exigentes que o ser humano já explorou. As suas temperaturas extremas e os elevados níveis de radiação electromagnética e de partículas tornam-no um desafio fundamental para qualquer nave espacial. Este desafio é ainda maior para as células fotovoltaicas, que têm de gerar energia durante toda a missão. Estas células necessitam de um vidro de cobertura resistente para as proteger e aos seus componentes, bem como para aumentar a eficiência através de uma elevada transmissão de luz.

9.3. Proteção no espaço

A 4 de outubro de 1957, iniciou-se um grande capítulo na era das viagens espaciais com o lançamento do satélite soviético Sputnik 1. No entanto, a missão do primeiro satélite artificial da Terra foi curta. Na altura, foram utilizadas baterias para alimentar o satélite. Estas duraram apenas 21 dias e, após 92 dias em órbita, o Sputnik 1 ardeu na atmosfera.

Nessa altura, começou a corrida pela superioridade técnica no espaço. Pouco tempo depois, os satélites passaram a ser equipados com células solares, para além das baterias. O objetivo da célula solar incorporada era fornecer eletricidade aos satélites durante o período das suas missões com energia obtida da radiação solar em órbita. Esta adição reduziu significativamente a massa da bateria e aumentou substancialmente a duração da missão. Dos cerca de 4.900 satélites activos em órbita da Terra até ao final de 2021, quase todos os satélites dependem de células solares para fornecer uma fonte de energia fiável.

Outro desafio para os satélites no espaço é o desgaste. O espaço é um ambiente hostil, com temperaturas extremamente baixas e altas e enormes mudanças de temperatura. Além disso, as missões enfrentam pressões da atmosfera de vácuo e doses elevadas de radiação electromagnética e de partículas carregadas provenientes do Sol e de outras estrelas fora do nosso sistema solar. Estas condições são extremamente stressantes para os materiais.

Para resistir às difíceis condições ambientais do espaço, os materiais necessitam de uma proteção adequada. Para funcionarem, as células solares que equipam os satélites dependem da proteção a longo prazo proporcionada pela cobertura das células solares com vidro.

9.4. Vidro - o material ideal para a energia fotovoltaica espacial

As células solares são constituídas por um semicondutor, como o germânio ou o silício, no qual são introduzidos outros elementos, como o arsénio, o boro, o gálio ou o fósforo, em pequenas quantidades, camada a camada. Esta contaminação do semicondutor é designada por dopagem e, explicada de forma simples, cria camadas sobrepostas com um excesso ou um défice de electrões. A irradiação com radiação electromagnética, especialmente no espetro da luz visível ou do infravermelho próximo, estimula a transferência de electrões entre as camadas e, assim, a corrente flui. Enquanto a célula solar for irradiada, este processo continua.

Como fonte quase incansável de radiação, o Sol não é apenas o centro do nosso sistema solar, mas também, com a ajuda das células solares, o componente central da produção de eletricidade. No entanto, o Sol, bem como outras estrelas fora do nosso sistema solar, emitem tipos de radiação que são tanto úteis como prejudiciais. Em particular, a radiação de alta energia de partículas carregadas e a radiação UV de onda curta causam grandes danos na célula solar e destroem as camadas dopadas do semicondutor. Sem proteção suficiente, uma célula solar perderá rapidamente a sua função.

Para reduzir ou mesmo evitar estes danos, o vidro de cobertura de células solares oferece duas propriedades fundamentais: assegura uma transmissão elevada e proporciona proteção contra a radiação. Este vidro de cobertura age como um filtro e é altamente transparente para a radiação útil no espetro visível e infravermelho próximo, reduzindo a intensidade da radiação nociva ou mesmo absorvendo-a completamente sem ser danificado. Estas são as propriedades de transmissão e proteção proporcionadas pela Célula Solar da SCHOTT

9.4.1. Vantagens do vidro no espaço

No espaço, os satélites estão constantemente a ser atacados por uma série de diferentes tipos de radiação. A radiação eletromagnética na forma de UV e de partículas de alta energia pode levar à degradação do material devido à solarização e à carga eletrostática. Ao bloquear essa radiação, a SCHOTT® Solar Glass protege a célula e seus componentes sensíveis.

- Protege contra os raios UV e as partículas nocivas
- Aumenta a eficiência da célula solar
- Ultra-fino e económico

Capítulo (10)

Conclusões

As fontes de energia renováveis podem ser utilizadas vezes sem conta. Os recursos renováveis incluem a energia solar, a energia eólica, a energia geotérmica, a biomassa e a energia hidroelétrica. Geram muito menos poluição, tanto na recolha como na produção, do que as fontes não renováveis.

Uma central eléctrica fotovoltaica, também conhecida como parque solar, parque solar ou central de energia solar, é um sistema de energia fotovoltaica ligado à rede em grande escala (sistema PV) concebido para o fornecimento de energia comercial. São diferentes da maioria dos sistemas solares de energia solarmontados em edifícios e de outros sistemas descentralizados , porque fornecem energia ao nível da rede eléctrica, e não a um utilizador ou utilizadores locais. A energia solar à escala dos serviços públicos é por vezes utilizada para descrever este tipo de projeto.

A arquitetura solar consiste em conceber os edifícios de modo a utilizar o calor e a luz do sol com o máximo de vantagens e o mínimo de inconvenientes, e refere-se especialmente ao aproveitamento energia solar. Está relacionada com os domínios da ótica, da térmica, da eletrónica e da ciência dos materiais.

Os sistemas solares para telhados podem ser a forma perfeita de ajudar a reduzir as suas contas de energia e aumentar a sua independência energética como proprietário de uma casa ou de uma empresa. Ao selecionar o sistema certo para satisfazer as suas necessidades, deve assegurar-se de que está a utilizar um produto de qualidade construído para durar, como os produtos de painéis solares da Chint Global. Agora, fazer o investimento para um futuro mais sustentável e económico está na ponta dos seus dedos com os sistemas de energia solar para telhados.

Hoje em dia, os consumidores e os agregados familiares estão a optar cada vez mais pelas tecnologias de energia solar e alternativa. Na última década, a energia solar foi revolucionada para se adequar às necessidades do público em geral, porque inicialmente era vista como uma "tecnologia para os ricos". Atualmente, devido aos rápidos avanços e à redução dos custos, muitos consumidores com rendimentos da classe média também começaram a comprar e a investir em tecnologia solar, especialmente em sistemas solares para telhados, devido à sua conveniência e benefícios que superam os negativos. Os governos e os serviços públicos locais, federais e estatais também desenvolveram muitos incentivos para a transição para as energias renováveis, devido às crescentes preocupações com a procura e o fornecimento de eletricidade. Por conseguinte, os sistemas solares fotovoltaicos para telhados têm vindo a aumentar a sua capacidade no passado recente para se adaptarem às novas tendências do mercado. É por isso que é essencial ter em conta estes sistemas, tal como foi referido no artigo. Desde os factores que afectam os sistemas de telhado, os tipos de estruturas montadas, a exportação de eletricidade e os desafios técnicos, este artigo abordou os aspectos básicos de tudo o que precisa de saber sobre os sistemas solares de telhado. Este artigo também tem como objetivo compreender e mudar positivamente a mentalidade sobre a razão pela qual a mudança para as energias renováveis é o futuro do nosso sector!

Os painéis solares painéis solares flutuantes ou fotovoltaicos flutuantes (FPV), por vezes designados por floatovoltaicos, são montados numa estrutura que flutua numa massa de água, normalmente um reservatório ou um lago, como reservatórios de água potável, lagos de pedreiras, canais de irrigação ou lagoas de remediação e de rejeitos.

Os sistemas podem ter vantagens sobre os sistemas fotovoltaicos (PV) em terra. As superfícies aquáticas podem ser menos dispendiosas do que o custo do terreno e existem menos regras e regulamentos para as estruturas construídas em massas de água não utilizadas para fins recreativos. A análise do ciclo de vida indica que os FPV à base de espuma[6] têm um dos tempos de retorno de energia mais curtos (1,3 anos) e o rácio mais baixo de emissões de gases com efeito de estufa em relação à energia (11 kg CO2 eq/MWh) das tecnologias solares fotovoltaicas de silício cristalino relatadas.

Com um número crescente de empresas privadas a investir em viagens espaciais, exploração e investigação, este sector está em expansão, tendo duplicado de tamanho na última década. Um componente fundamental para as naves espaciais são as células solares fotovoltaicas: esta tecnologia aproveita a radiação do sol para gerar energia. No entanto, estas células solares necessitam de proteção contra a radiação, que é assegurada pelo vidro de cobertura das células solares.

O espaço é um dos ambientes mais exigentes que o ser humano já explorou. As suas temperaturas extremas e os elevados níveis de radiação electromagnética e de partículas tornam-no um desafio fundamental para qualquer nave espacial. Este desafio é ainda maior para as células fotovoltaicas, que têm de gerar energia durante toda a missão. Estas células necessitam de um vidro de cobertura resistente para as proteger e aos seus componentes, bem como para aumentar a eficiência através de uma elevada transmissão de luz.

Printed by Books on Demand GmbH, Norderstedt / Germany